国家科技支撑计划课题（2006BAJ05A01、2012BAJ23B02）资助

空地一体化成图技术

吴向阳　王　庆　编著

东南大学出版社
SOUTHEAST UNIVERSITY PRESS
·南京·

内 容 简 介

本书以新型城镇化与新农村建设中的应急测绘和按需测绘需求为背景,以空地一体化为核心技术手段,以实现快速精细化成图为研究目标,通过编著者十余年潜心研究与3S技术集成开发,构建并形成了空地一体化的快速成图技术体系。第一章绪论全面阐述课题研究背景,提出了空地一体化的快速成图构想;第二章从理论到技术两个层面构建空地一体化快速成图系统的框架体系与业务流程;第三章着重研究了空地一体化快速成图的若干关键技术,为系统集成开发做了理论和技术上的铺垫;第四章研究空地一体化的快速成图系统集成方案及软硬件实现;第五章为系统试验测试与示范区实际应用;第六章对课题研究内容和成果进行总结,提出未来进一步研究的方向。

本书汇聚了东南大学测绘学科和仪器学科"十二五"期间承担的项目研究成果,可作为高等院校测绘类或相关专业本科生的教辅用书,也可作为测绘工程、国土资源调查、位置服务等相关专业技术人员的参考用书。

图书在版编目(CIP)数据

空地一体化成图技术 / 吴向阳,王庆编著. —南京:
东南大学出版社,2020.11
 ISBN 978-7-5641-9218-1

Ⅰ. ①空… Ⅱ. ①吴… ②王… Ⅲ. ①测绘学 Ⅳ.
①P2

中国版本图书馆 CIP 数据核字(2020)第 223406 号

空地一体化成图技术
Kongdi Yitihua Chengtu Jishu

编 著 吴向阳 王 庆

出版发行	东南大学出版社
社 址	南京市四牌楼 2 号 邮编:210096
出 版 人	江建中
责任编辑	丁 丁
编辑邮箱	d.d.00@163.com
网 址	http://www.seupress.com
电子邮箱	press@seupress.com
经 销	全国各地新华书店
印 刷	江苏扬中印刷有限公司
版 次	2020 年 11 月第 1 版
印 次	2020 年 11 月第 1 次印刷
开 本	787 mm×1 092 mm 1/16
印 张	10.5
字 数	204 千
书 号	ISBN 978-7-5641-9218-1
定 价	48.00 元

本社图书若有印装质量问题,请直接与营销部联系。电话(传真):025-83791830

前　　言

国家各项经济建设都离不开大中比例尺基础图件的支撑。随着新农村建设和新型城镇化进程的加快推进,各种地形图产品需求急速扩大带来的用图矛盾日益突出。目前,获取地形图产品主要来源于卫星遥感、传统航空摄影、新型低空遥感以及常规数字化测绘等技术手段。然而任何单一手段都有其应用的局限性,难以满足当前快速获取大中比例尺基础图件的实际需求。

编著者长期从事 GNSS 卫星定位、地籍测量学方面的教学与研究工作,之后又从事国土资源调查监测、3S 技术集成开发方面的课题科研工作,主持/参与了"十二五"国家科技支撑计划多个课题的研究,提出了空地一体化快速成图的理论和方法,并对系统集成及软件开发中的关键技术展开研究,取得了一系列的科研成果,其中不少成果来源于王庆教授领衔的"国土资源精准调查与动态监测技术"创新团队(2013 年科技部颁发证书)。为了更好地总结凝炼,有必要编写一本集中反映"空地一体化成图技术"的学术专著,以飨读者。

全书共分为六章,第一章至第三章、第五章至第六章由东南大学吴向阳副教授编著,江西核工业测绘院刘义志高级工程师参编;第四章由东南大学王庆教授、王慧青副教授共同编写。吴向阳绘制了全书插图并统一修改定稿。在编写过程中,编著者参考并引用了创新团队硕博研究生的相关论文材料,对研究生们参与的课题研究工作深表谢意。本书的出版得到了东南大学交通学院和东南大学出版社给予的大力支持,在此一并表示衷心的感谢。

书中部分图片等资料取自互联网,笔者一般都注明了出处,但部分资料出处难以追溯,可能未标明,还请读者和相关作者谅解。由于编著者学识水平有限,虽然我们尽了很大努力,书中难免存在不少缺点和缪误不妥之处。在此,恳请各位同仁批评指正,编著者将不胜感谢。

编著者

2020 年 6 月于南京

目　　录

第一章　绪　　论

1.1　研究背景及意义

1.1.1　空地一体化成图的必要性

快速、准确而经济地获取地球空间地理信息是实现国土资源科学管理与开发的前提，是建设数字中国战略的首要环节，直接关系到国民经济建设和社会可持续发展。

长期以来，我国以大中比例尺地形图为主要载体的地理信息滞后于国民经济建设的矛盾十分突出，特别是国家加强基础设施建设、全面实施社会主义新农村建设以及地理国情监测后，地形图产品需求急速扩大导致的用图矛盾（需求量、精细化等）更为突出；另外，近年来我国境内发生的雪灾、地震、泥石流等各种重大自然灾难造成了数百万人民群众的家园被毁，给人们生产生活秩序和经济社会发展造成了巨大的损害，如何为应急救援和灾后重建提供快速强有力的测绘保障服务已成为应急测绘、按需测绘面临的新需求和新挑战。

综观上述测绘业务需求，不难发现其具有共同性的特点：在测区形状上往往呈散列式分布（如村镇建设规划）或狭长形分布（如高铁、高速公路），面积小（几到几十平方公里）或地处边远地区；在测区现状上往往是建筑密集无序、环境隐蔽复杂；在任务要求上往往是任务繁重且时间紧迫。这些现实需求状况给测绘工作者快速、精准地获取空间地理信息带来基础控制难、空天遥感难、地面测绘难等一系列现实难题。

目前，基础地理信息图件获取技术手段主要依赖于天上卫星遥感、传统航空摄影，以及地面 GPS 接收机、全站仪（Total Station，简称 TS）、水准仪等进行三维数字化测图等。这些手段虽然可以解决空间地理信息获取问题，但单一技术手段存在着不容忽视的弊端，难以满足快速、经济、精细化的成图需求。

基于卫星遥感的成图手段，可以一次性获取大范围中等比例尺（1∶25 000，

1∶10 000，1∶5 000)的空间地理信息,但由于受到空间分辨率的限制目前还无法用于大比例尺的地形图测绘,再者卫星遥感影像数据采购周期长、时相难以保证,因此现势性不够。传统载人航空摄影成图方法可以一次性获取较大范围较高分辨率的影像,但受空域管制和气候等因素制约,对时间要求紧迫的测图任务较难保障,而且成本高。因此,不论是卫星遥感方式还是普通航空摄影方式,在处理小区域快速大中比例尺成图方面均存在着明显不足。[1]

以全站仪为主体的全野外数据采集手段,可以获取1∶2 000、1∶1 000乃至1∶500大比例尺地形图,但必须满足严格的地面通视要求,往往工作效率低、劳动强度大;以GPS为主体的数据采集系统,虽然不受地面间通视限制,但是也存在需要顶空通视的致命弱点,在城乡建筑密集区、植被覆盖茂盛的隐蔽地区以及其他复杂环境下,GPS定位结果的可靠性、可用性无法保证,也不能单独完成所有的测量作业。所以,小范围地面测绘目前普遍采用GPS联合全站仪采集方式,即先利用GPS布设或加密测区各级控制网,再利用全站仪进行地形碎部点的坐标采集,最后利用数字测图软件进行编辑成图。这种联合成图方法作业阶段清晰,能够发挥GPS和全站仪各自的技术优势,但也存在着明显的不足和难以克服的弊端,主要表现在:

(1)整体工作效率不高。从基本控制到加密控制再到碎部点测定,控制点上多次重复设站,而且由于整体作业周期长,花费大量人力物力埋设在地面上的控制点常会因工程建设、马路拓宽等遭到破坏,真正到测绘作业时往往要不断地寻找控制点,不停地补测控制点,如此便造成了工作的重复。

(2)现场无法构图。外业测绘时需要绘制测站周围的地物相互关系草图,内业利用草图进行图形编辑前,需要花费不少时间核对地物拓扑关系数据,一旦出现数据矛盾或有遗漏,常常需要挑灯夜战,从而影响来日工作。

(3)无法高效利用工作底图。一般的外业测绘仪器,不具有GIS成图功能,已有的电子底图成果无法现场直观地利用,重复测绘在所难免,在地籍变更调查修补测时还容易出现"双眼皮"现象。

近年来发展的以无人飞行器(Unmanned Aerial Vehicle,简称UAV,包括固定翼无人机、无人驾驶直升机、无人飞艇等,有时也统称无人机)为主的低空遥感数据获取平台,具有部署快速、反应灵活、近距离获取直观图像等特点,在分散小区域和飞行困难地区高分辨率影像快速获取方面具有明显优势,在近几年抗击自然灾害中,无人机的作用也得到了充分的发挥。轻型无人机的出现为大量布局分散的村镇区域快速测绘提供了全新的思路。然而,无人机航摄系统自身在成图精度及安全性方面也存在着一定的缺陷和不足,有着进一步研究与提升的空间,再者单独依赖无人机系统,无法解决隐蔽遮挡环境下的地物定位问题。

面对我国大比例尺地形图测绘的巨大工作量与国家对基础地理信息迫切需求之间的矛盾,仅仅依靠单一技术已难以满足测绘工作需求。如何通过现有技术手段的攻关突破与有机集成,发展一种实时(准实时)的快速成图新技术系统已成为测绘界最为关心的问题。

1.1.2 空地一体化成图的概念及意义

"空地一体化"的提法最早见于军事领域中,是为适应现代战争需求而提出建立空地一体化的联合作战理论体系。汶川、玉树大地震后也开始提出"空地一体化"的应急救援方案。随着信息时代的到来,天(卫星群)、空(飞行器)、地(测量仪器)一体化大测绘概念正在形成,即基于3S(GPS、RS、GIS)和通信技术集成的地球空间信息科学。近几年国土资源领域率先探索天空地一体化的土地利用动态监测技术方案,并取得了良好的效果。

本书提出的"空地一体化快速成图"概念,意指将原本相互独立的无人机低空遥感成图技术(广义上也包括载人航空摄影成图技术)与地面 GPS、全站仪、光纤陀螺仪(Fiber Optic Gyroscope,简称 FOG)精细成图技术(广义上也包括车载移动测图技术),通过各自的技术突破与相互间的有机集成形成空地一体的技术体系,从而实现各种特殊区域与复杂环境下的快速精细化成图。

本课题基于现代无人机低空航测技术与地面多传感器组合定位技术,依靠集成创新理念,一方面集成无人机低空遥感成果与地面测量成果,另一方面对现有地面测量设备 GPS、全站仪和光纤陀螺仪,通过深度技术集成与软件开发,形成一套以 3S 技术为支撑的空地一体化快速成图技术系统,从根本上突破现行的单独测绘作业模式以及地面测绘"先控制测量后碎部测量、先测已知点后测求知点"的限制,以空地有机结合的一体化模式,建立起空地一体化的快速成图机制,为我国新农村建设规划、应急救灾与灾后重建、国家重大工程等提供快速测绘保障服务。

1.2 研究现状及存在问题

随着以 GPS、RS、GIS 三大技术为代表的现代测绘体系的建立,大比例尺地形图测绘技术得到了迅猛发展,其主要特点体现在测绘方式的多样化和集成化、测绘过程的自动化和实时化、测绘成果的数字化和可视化。

在航天航空遥感成图方面,卫星遥感和载人机航空摄影已经非常发达,但仍存在及时性和精细度不足的问题,以及阴云天气不能获取高分辨率、高清晰度影像的问题,因而无人机低空航测异军突起,正逐渐成为大飞机航测的有益补充,尤其是在灾害应急数据获取及小范围快速成图方面具有无可替代的优越性,但在航测地形图(DLG)尤其是大比例尺地形图生产方面还存在一些问题。在地面数字化测图方面,主要是基于全站仪和 GPS 技术为主的各自广泛应用,近年来正在研究的全站仪与其他仪器(如 GPS、光纤陀螺仪、激光扫描器等)组合测绘系统,尽管还处于试验阶段,还有一些技术问题需要攻克,但已是值得重视的研究方向。

1.2.1　无人机航测成图技术

无人机低空航测成图是一种利用先进的无人驾驶技术、传感器技术、遥测遥控技术、通信技术、GPS 差分技术、航空摄影测量技术、计算机影像匹配技术,自动化、智能化地获取地理空间遥感信息,完成遥感数据测量处理、建模和应用分析的应用技术。作为一种新型的低空航测成图方法,是卫星遥感制图和载人机航测成图手段的有效补充,非常适合小范围内的高分辨率遥感数据的即时获取。

1.2.1.1　无人机航测系统发展现状

目前,在无人机航测系统发展现状方面,许多国家对无人机航摄系统问题的研究主要集中在无人机平台本身的改进、提高影像数据的处理精度、改进正射影像的无缝拼接技术。

中测新图(北京)遥感技术有限责任公司运用新技术、新工艺和新材料自主研发的无人机航摄系统,克服了无人机有效载荷小、成果精度差等缺陷,实现了系统的数字化、模块化和智能化,已成为我国当前应用最为广泛的高分辨率影像数据获取系统[2]。

鉴于目前国外品牌的宽角航空相机普遍重达百公斤以上,无法用于轻型无人机的情况,中国测绘科学研究院自主发明了"自检校自稳定组合宽角成像技术"。由此研制的组合宽角航空相机,像场角达 90°,质量仅 15 kg,可以装备固定翼无人机和无人飞艇两类低空遥感系统。该院承担的"轻小型组合宽角航空相机研制及低空 UAV 航测应用"项目获得了 2012 年度国家技术发明奖二等奖[2]。

目前,国内还有武汉大学、国家遥感中心等多家单位致力于低空航测系统的有关研究和应用。世界范围内应用比较广泛的影像处理系统有很多,我国主要有张祖勋院士提出并研制成功的全数字摄影测量系统 VirtuoZo NT,美国 LPS 系统、AIMS 系统,瑞士的 Helava 系统和加拿大的 PCI 系统等。

1.2.1.2　无人机航测系统应用现状

目前,无人机航测系统已广泛应用到国民经济建设的各个领域,尤其是在国土资源调查监测、小区域大比例尺地形图测绘、突发灾害空间信息获取以及生态环境监测等方面。

国外方面,无人机航摄系统可为应急指挥和救援提供影像数据。美国 Nicolas Lewyckyj 等人利用无人机航摄技术进行自然灾害调查,通过分析正射影像对农庄和厂房进行损失评估;Ollero 等人利用无人机系统用来定位和监测森林火灾;日本减灾组织使用无人机搭载雷达扫描仪和摄像机对正在喷发的火山进行观测评估。以上研究表明,对于危险区域的航拍任务无人机航摄系统有着绝对优势[3]。

国内方面,我国十分重视国产低空无人机遥感系统的研发与应用工作,从 2005 年我国自主研制的高端多用途无人机航摄系统首飞试验成功到 2009 年"高精度轻小型航空遥感系统核心技术产品"在"十一五"国家重大科技成就展上亮相,目前已有四家机构十余个型号的产品通过了国家科技成果鉴定。国内无人机航摄系统的发展日新月异,其应用方面也在不断创新。

沈体雁等人利用 UAVRS-Ⅱ型无人机系统,获取的航摄影像分辨率达到分米级,可以满足 1∶10 000 比例尺的测绘需求。尹金宽研究了无人机航测空三加密的成果精度以及后续制作生成的 DOM 精度,总结出利用无人机航摄影像能够制作出满足 1∶2 000 比例尺精度要求的正射影像图,并将此结论运用到山区公路选线实例中,说明了无人机航摄影像在道路工程中的应用价值。陈姣等人介绍了低空无人机航摄一体化绘制 1∶1 000 地形图,通过分析能够满足成图精度要求[3]。

目前,国家测绘地理信息局已经发布实施了无人机航摄行业标准,构建了完整的无人机航测作业流程,以及各作业环节的技术要求和实施方案,并要求在全国范围内推广应用国产低空无人飞行器航测遥感系统。争取各省市的测绘机构都能配上无人机以保证测绘成果的现势性,提高地方测绘队伍的地理信息获取能力。从目前无人机航摄系统的应用研究现状来看,提高该系统的专业性能有很大的研究空间和现实意义。

虽然国内外无人机低空遥感领域的研究已经取得了长足的发展,但是受飞行平台有效载荷、飞行姿态的影响,无人机低空航测成图技术还存在明显不足,甚至是技术瓶颈。如大比例尺成图精度不均匀,尤其是高程精度较差,目前只能达到 1∶1 000 航测地形图精度;外业像控工作量大,尤其在地形困难地区像控布测工作受限,直接影响了无人机航测技术优势的发挥。如何利用最新的传感器技术、GPS 辅助空三加密技术,对目前的无人机航测系统集成方案进行改进,解决无人机测量的精度和速度等难题,成为课题的研究内容之一。

1.2.2 地面数字化测绘技术

20 世纪 90 年代以来,以全站仪、电子经纬仪为代表的电子测绘仪器更新换代加快,以及测图软件的逐步完善,之前的图解法测图技术模式逐渐被全野外数字测图技术模式所取代,大比例尺成图技术随之发生了巨大的变化,测绘成果真正成为数字化产品。尤其是 GPS 技术的快速发展与广泛应用,地面数字化测绘技术随之步入新的发展阶段[4]。大比例尺成图研究方向主要集中在:GPS 与全站仪联合成图技术探索与应用、GPS/全站仪组合定位系统研制与应用、全站仪/光纤陀螺组合定向系统研究与试验,以及用于带状地形测绘的 GPS/INS/CCD 车载移动测量系统集成与应用。其中,GPS 技术的研究与应用一直是地面数字化测绘技术的核心所在。

1.2.2.1 GPS 技术研究与发展历程

GPS 是目前世界上运行最成功、发展最为迅速、应用最为广泛的卫星导航定位系统。1993 年全星座正常投入运行后,为全球用户提供全天候、全天时的实时导航定位和授时服务。GPS 的服务方式按用户类型分为标准定位服务(SPS)和精密定位服务(PPS),前者面向全世界用户开放服务,后者则限于特许授权的用户服务。然而 SPS 定位服务所提供的 GPS 单点定位精度一般只有 20 m 左右,无法满足大量高精度应用需求。

为了减弱和消除卫星轨道误差、对流层延迟、电离层延迟等误差影响,大幅度提高 GPS 实时定位精度,于是差分 GPS 定位技术(DGPS)便出现了。其基本原理是利用相距较近的接收机之间的 GPS 观测值存在空间系统误差相关性特点,通过差分处理,使得不同观测值中的共性误差得到消除或减弱。早期的载波相位差分是基于静态观测模式的相对定位,为了可靠地解算出整周未知数,需要进行长时间的观测,限制它在实时定位业务中的应用。随着数据处理和通信技术的发展,又出现了实时伪距差分(RTD)和实时载波相位差分(RTK)技术。实时伪距差分因为精度较低主要应用于导航领域;而基于载波相位的实时差分可以获得厘米级的高精度,并且整周未知数可以通过实时在航解算(On The Fly,OTF)技术实现动态解算。因此,RTK 技术的出现极大地拓展了 GPS 的应用空间。然而随着移动站与参考站间距的增加,空间误差的相关性也随之减弱,使得系统误差的残差迅速增大,实时定位精度也随之降低,另外用于发送差分信息的普通电台本身覆盖范围就比较小,使得 RTK 的作业半径又受到一定的限制[5]。

为了克服常规 RTK 技术本身存在的缺陷,同时伴随着网络技术、无线通信技术的发展,以及连续运行参考站网在全球范围内的广泛建立,使得 GPS 中长距离实时动态高精度定位成为可能,于是 GPS 网络 RTK 技术应运而生。其基本原理是通过对多个连续运行参考站的长时间观测,建立大范围参考站间的对流层延迟、电离层延迟以及轨道误差模型,并通过网络通信方式为移动站用户实时提供误差改正信息,用户接收上述信息削弱空间相关误差影响,从而既扩展了参考站网络的有效服务范围,又实现了参考站区域范围内的高精度的实时动态定位,解决了常规 RTK 技术难以实现的中长距离实时动态精密定位问题[6]。

差分 GPS 定位技术取得长足发展的同时,GPS 单点定位技术也有了新的发展。随着国际 GPS 服务组织 IGS 的成立以及开始向全球提供精密星历和精密钟差产品,人们开始探索采用非差相位观测值进行精密单点定位(Precise Point Positioning,简称 PPP),美国喷气推进试验室(JPL)取得了 24 h 连续静态定位精度达 1～2 cm、事后单历元动态定位精度达 2～4 dm 的试验结果,用实测数据证明了利用非差相位观测值进行 PPP 是完全可行的。由于 PPP 仅利用单台接收机即可在全球范围内进行静态或动态定位,并且能直接获得高精度 ITRF 框架坐标,因此,它在区域高精度坐标框架维持、高精度导航定位等方面具有惊人的应用前景[7]。

经过 30 多年的发展,GPS 技术引导了空间大地测量技术的革命性变化。GPS 定位范围已从陆地和近海扩展到整个海洋和外层空间;定位方式已从静态扩展到动态,从单点定位扩展到局部与广域差分,从事后处理扩展到实时(准实时)导航定位;定位精度从几十米级扩展到米级、厘米级乃至毫米级,大大拓宽了应用领域[8]。根据刘经南院士对 GPS 定位技术的分类,GPS 发展历程可以用图 1-1 来描述。

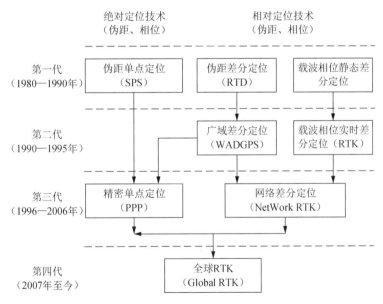

图 1-1 GPS 定位技术发展历程[6]

目前 GPS 系统正在逐步实现其现代化进程,即发射 GPSⅡR-M、GPSⅡF、GPS Ⅲ 系列新型卫星,增加 L2C 以及 L5 新频率。世界上除 GPS 之外目前还有俄罗斯的 Glonass、欧盟的 Galileo 以及中国的北斗等主要全球导航卫星系统(GNSS)。随着卫星定位技术的不断发展,其领域界线正逐渐变得模糊,伴随着理论的不断完善,多种定位系统相互融合最终将会趋向统一,而覆盖全球的大规模连续运行参考站网(CORS)的建设则为之提供了基础条件。

1.2.2.2　全站仪与 GPS 联合测图技术

大比例尺地形地籍图测绘对地物点、界址点的点位精度有着明确的要求。按照我国现行《城市测量规范》(CJJ/T 8—2011)规定,地物点相对邻近图根点点位中误差不大于图上±0.5 mm,界址点相对邻近图根点点位中误差不大于±5 cm。采用全站仪或静态 GPS 定位要达到这样高的精度,多工序费时费力是众所周知的。

全野外数字化测图技术的典型代表是 RTK 定位与全站仪测绘相结合的技术模式。RTK 技术的显著优势是测定一个点只需几秒钟,而定位精度可达厘米级,相对于全站仪采集数据作业效率可提高 1 倍以上。但是在建筑物密集或存在电磁干扰地区,由于卫星失锁从而使 RTK 定位出现障碍,此时全站仪正好作为补充。所谓 RTK 与全站仪联合测绘模式,是指测图作业时,对于开阔或半开阔地区尽量采用 RTK 技术进行地形地物的数据采集(如道路、河流等),对于隐蔽地区则先利用 RTK 快速测定少部分图根点,再用全站仪进行大批量的碎部点数据采集(如房角、电杆等)。这样既免去了图根导线测量工作,也有效地控制了误差的积累,保证了全站仪测定碎部点的精度。最后利用数字化测图软件,将两种仪器采集的数据进行整合,编辑形成完整的地形图、地籍图。该作业模式的最大特点是在保证作业精度的前提下,作业效率明显提高。因此,该作业模式几乎成为所有测绘单位的首选方案[9]。

1.2.2.3　GPS 与全站仪组合成图技术

GPS 和 TS 是目前测绘界应用最广泛的两大测量技术。GPS 技术优势在于可以自主定位且无须相邻点之间通视,但前提条件是必须能接收卫星信号;TS 技术优势在于可以快速灵活地进行相对定位,但严格要求视线通视且必须事先布设大量成对的控制点作为测站点和方位点。在实际工作中,尽管利用 GPS 和全站仪联合作业但依然是各自独立测量,控制点与碎部点仍需分阶段测定。由于控制点布设工作量大,任务繁重且易遭破坏,同一控制点难免多次重复设站,地形测绘的灵活性与高效性仍然难以体现,甚至精度也难以保证。若能将两大技术集成(不同于上述的联合作业)在一起,则能取长补短,优势互补。因此,如何真正发挥 GPS 和 TS 集成优势开展大比例尺测图技术研究与开发,一直是国内外研究机构与仪器制造商研发的热点方向[10]。

早在 2000 年,武汉大学联合华达系统集成有限公司开展了超站式集成测绘系统HD-STGPS(HuaDa-Super Total station Global Positioning System)的研究。系统通过软硬件的集成,实时获取测站点、定向点在地方坐标系下的应用坐标,控制和碎部测量同时进行,实现无加密控制测量的即测即用的作业模式。该系统基于电台通信方式,用便携机作为采集终端,加上外业设备较多,也没有深度集成,尚没有大范围推广应用[11]。

2005 年,广州南方测绘仪器有限公司也推出了全站仪与 GPS 组合形成的"超站仪"产品——NTS-82,如图 1-2 所示。该仪器可分可合,无须做静态控制测量,只需在最适合的地方设站。组合时可从 GPS 获取全站仪测站点坐标,分开时可解决定向点坐标获取。通过自由设站方式,实现了开阔地区控制与碎部测量的一体化。但在相对复杂隐蔽的测区,GPS 信号接收会受到严重影响,此时该超站仪的自由设站灵活性优势将不能正常地发挥,成图效率也会受到较大的影响。

国外著名仪器制造商瑞士徕卡(Leica)公司也开展了类似的集成测绘系统研究,并于 2007 年推出了 GPS 与 TS 组合 Smart 产品 System2000,进入我国测绘市场。该系统打破了制约 GPS 与全站仪联合作业的瓶颈,增强了全站仪自由设站的灵活性,GPS 与 TS 的技术融合解决了两者间的数据共享而将测量应用推向了一个联合作业的新境界。然而,市场对上述"超站仪"的反映却不很强烈,其原因一是价格昂贵,国内测绘单位难以承受;二是系统的现场成图功能较弱,专用控制器图形操作界面小,难以满足用户的业务需求[12]。

图 1-2 南方 NTS-82 超站仪

图 1-3 徕卡 System2000 超站仪

1.2.2.4 FOG(光纤陀螺仪)与全站仪组合成图技术

全站仪测量技术相对成熟且应用广泛,但全站仪本身不能自主定向,为此要求 GPS 必须事先测定出成对通视又需要相隔一定距离的控制点,这使得 GPS 技术的优势没能充分发挥,同时也给在通视困难地区的控制点布设带来了难度。因此,在实际工作中迫切需要一种简便可行的定向方法,实现全站仪在只有一个控制点的情况下能自主快速地进行测站定向与后续测量,免去需要有一个用于定向的后视点的麻烦。

　　然而长期以来,有关自主寻北定向设备的研究大多集中在陀螺经纬仪的研制方面。目前,陀螺经纬仪正向着可靠、精密、小型、快速和全自动化的方向发展。国外成功研制了多款新型陀螺仪,探索了精度补偿办法及数据处理技术,并取得了重大发展。其中高精度、全自动陀螺经纬仪已有多个国家研制生产并投入使用。具有代表性的主要有美国的MARCS、德国的 Gyromat3000、乌克兰的 1Г50、ГК30 等;其中,德国的 Gyromat3000 被认为是目前世界上最好的高精度自动化陀螺经纬仪,但高额的售价限制了其在民用市场的使用。中高等精度的陀螺经纬仪有日本的 AGP1,标称精度±15″,但操作上属半自动产品,也售价不菲[13]。

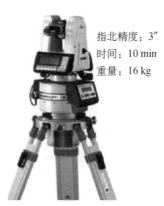

图 1-4　磁悬浮陀螺全站仪　　图 1-5　Gyromat3000 陀螺经纬仪　图 1-6　Y/JTD-2 陀螺全站仪

　　我国从 20 世纪 60 年代开始研制陀螺经纬仪,中国矿业大学、中南大学研制的下架式AGT-1 和 GT-1 陀螺经纬仪,均属中等精度的半自动陀螺经纬仪,生产批量很小,都没有形成产业化规模;2000 年以后,为配合军事国防建设的需要,天津 707 所、北京 16 所也相继研制出了中等精度的陀螺经纬仪,但这些仪器在自动化程度上均有所欠缺,且寻北时间较长[13]。

　　使用现有的角秒级陀螺经纬仪虽能满足定向要求,但由于使用的是机械陀螺,不但设备笨重而且外形奇特、价格昂贵,使用前需进行仪器常数标定,且定向的操作过程复杂,目前多用于定向工作量较小的地下隧道坑道工程,难以在普通测绘业务中推广应用;况且在绝大多数测绘工作中光学经纬仪已被电子全站仪取代。因此,民用的高精度陀螺全站仪已成为新的发展趋势。近几年最具代表性的成果有:

　　(1) 西安解放军 1001 厂研发出 Y/JTD-2 高精度全自动陀螺全站仪,如图 1-6 所示。该仪器一次定向测量中误差≤±5″,一测回定向时间≤18 min[14]。

　　(2) 由长安大学测绘与空间信息研究所与中国航天科技集团 16 所共同研制出高精度磁悬浮陀螺全站仪,如图 1-4 所示,该仪器一次定向测量中误差≤±5″,一测回定向时间≤8 min。采用的磁悬浮支撑技术,增强了仪器的环境适应性,也大大提高了仪器的稳定性和耐用性[15]。

(3) 由中南大学和长沙市莱塞光电子技术研究所合作研制出 AGT-1 高精度自动陀螺经纬仪。该仪器不需要人工读数、计数,但在寻北过程中的很多关键步骤上还处于人工操作阶段。该系统一次定向测量中误差≤±5″,自动寻北时间 7~10 min,一测回约需 20 min[15]。

从以上数据可以看出国产陀螺全站仪的性能指标已接近国际最高水平,而且在功能和结构上各有千秋,可以广泛用于隧道贯通测量、地铁工程测量、矿山贯通测量等专门定向作业中。但这些设备仍然是较为笨重,寻北时间较长,而且价格不菲。在小型化与定向时间方面不能满足于日常地形地籍测绘的需求。

光纤陀螺仪(FOG)是一种基于 Sagnac 效应原理测定载体相对于惯性空间角速度的光纤传感器件。与机械陀螺仪相比,具有全固态、体积小、质量轻、抗电磁干扰、启动快等优点。近几十年来,随着光纤传感技术和光纤通信技术的迅猛发展,光纤陀螺已成为惯性技术研究领域的主流陀螺,在军事、航海、空间技术和民用等领域都有较高的应用价值。国内外很多相关单位都很重视光纤陀螺寻北方面的应用研究,但目前成果多集中在军事武器装备上[16]。

如果能将光纤陀螺仪与全站仪进行匹配使用,将可以显著降低整个设备质量,可望达到更好的应用精度和更宽的应用范围。因此,全站仪与光纤陀螺仪的组合定向研究成为近年来仪器制造商与科研机构的研究方向。

1.2.3 空地一体化成图技术

长期以来,大比例尺地形图测绘尽管技术手段众多,但各有局限性,而且基本都是基于独立成图,更谈不上空地一体化,所以仍然是费时费力,不但成图周期长而且精度难以保证,快速测图更是难上加难。为此,众多学者既在单一测绘手段上寻求大比例尺快速成图技术的突破,也在一体化成图技术上开始研究探索其可行性。正如 GPS 技术在测绘行业的成功应用打破了全站仪主宰天下的数字化测绘格局,无人机低空遥感技术的问世打破了载人航空摄影一统天下的航测成图体系。无数实践证明,测绘应用的多样性决定了仪器的多样性,测绘仪器正在形成一种多传感器相互集成和互为补充的新格局。

1.2.3.1 GPS/PDA 土地调查作业系统

"十五"期间,东南大学研究团队面向土地调查监测的行业需求,在国内率先开展了 3S 技术集成的土地调查软硬件系统研究,从数据采集的源头上根本解决土地调查的数字化、准确化、实时化问题。

GPS/PDA 土地调查作业系统,其实质是将 DGPS 技术、RS 技术、嵌入式 GIS 技术、GPRS 技术、蓝牙技术同时在 PDA 上集成,实现底图导入、实时定位、现场构图、属性录入等多种功能,其中底图包括卫星遥感正射影像图、航摄像片、土地利用线划图等[17]。此系统主要面向中等比例尺的土地利用现状调查业务,其成图功能相对较弱,它的研发可以认为是空地一体化成图系统的雏形[18]。

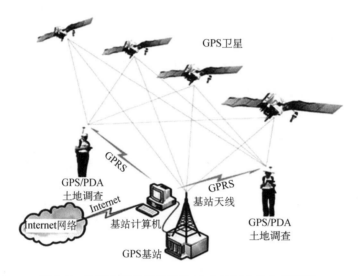

图 1-7 单基站模式下 GPS/PDA 土地调查作业系统[19]

1.2.3.2 GPS/TS/PDA 地籍调查技术系统

GPS/PDA 从数据采集的源头上解决了农村土地利用现状(变更)调查的数字化、准确化、实时化的问题,而城镇地籍调查精度要求更高,作业环境更差,技术难度也就更高。

"十一五"期间,东南大学研究团队瞄准城镇地籍调查需求,依托国土资源部科技司、信息中心、中国土地勘测规划院在北京、天津、湖南组织实施了"高精度、网络化 GPS 系统在土地调查中的示范应用"项目,在国内率先研发出高精度网络化的 GPS/TS/PDA 地籍调查技术系统[20]。

GPS/TS/PDA 地籍调查技术系统,其实质是以 GPS/PDA 为基础,通过 PDA、GPRS 技术,将 GPS 设备、全站仪等现有测量仪器高度集成,构成了全新的组合式地籍测绘新方法。借助 VRS 网络,利用 GPS 实时定位点现场解算全站仪设站点坐标,实现了免控制点测绘,节省了野外作业时间;嵌入式 GIS 平台技术实现了 PDA 上现场成图、属性录入,大大减轻了内业图形编辑和图形整饰的工作量;利用 GPRS 无线网络,可以将 PDA 测绘成果实时回传至室内,外业测绘与内业处理同步实施,实现数据库的即时更新[21]。

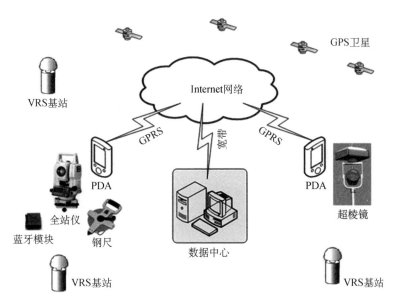

图 1-8　基于 VRS 网络的 GPS/TS/PDA 地籍调查技术系统[20]

该系统主要面向大比例尺的城乡地籍调查业务,其成图功能相对增强。通过多地区示范应用,走通了技术流程,地籍变更调查的成图精度和工作效率可以提高 30% 以上。但它也存在着诸多不足,如研发的蓝牙通信模块作业距离只能 10 m 以内,灵活性不高。另外,受 PDA 自身性能的限制,操作界面小,在阳光下视觉效果很不理想;存储容量小,导入较大影像时运行速度变慢且容易死机;数据采集成图软件功能相对较弱。尽管如此,也算是朝空地一体化大比例尺成图的目标又迈进了一步。

综上分析,目前在空地一体化成图技术方面国内外虽有一定的探索研究,但还存在着诸多的技术难题:

(1)用于载人机的 IMU/GPS 辅助航摄技术在无人机领域还少有突破性应用,致使大比例尺成图精度难以达标,成图效率也受到极大影响。

(2)针对隐蔽复杂环境下的 GPS/TS 组合定位受掌上电脑、蓝牙通信、精密单点定位以及软件开发等技术的制约,致使技术集成度不高,外业测绘灵活性受到较大影响。

(3)机械型陀螺经纬仪已在特种工程定向中发挥作用,但没有光纤陀螺轻便实用,只有创造性地解决基于高精度转位信息的寻北误差抑制与安装误差补偿技术,才有可能将专用于特种工程定向的稀有应用,改变为普通测绘作业的常态化应用。

(4)无人机航测成图技术与地面 GPS/TS 组合成图技术结合应用还受制于大容量的影像压缩与解压缩技术,需要面向掌上平台进一步开发。

因此,要真正实现空地一体化的快速大比例尺成图目标,还必须进行大量的试验研究与技术创新,这也是本课题必须面对和解决的难题。

1.3 课题研究内容及结构

1.3.1 课题来源

课题来源于东南大学牵头承担的"十一五"国家科技支撑计划"村镇规划基础信息获取关键技术研究"课题以及"十二五"国家科技支撑计划"村镇土地现势信息天空地一体化获取技术开发"课题。两项课题围绕我国村镇规划和土地利用动态监测中如何快速获取基础地理信息,所涉及的基础数据快速采集、处理、集成、更新等成套理论和技术展开研究。

课题以国家科技支撑课题为依托,全面分析村镇区域大比例尺快速成图的技术内涵,以及相关技术和学科领域的最新研究成果,系统研究了大比例尺快速成图的若干关键技术及解决方法,提出基于空地一体化快速成图技术的完整解决方案,并构建了一套实用的、可靠的大比例尺快速成图系统。

1.3.2 研究内容

课题以新型城镇化与新农村建设中村镇区域应急测绘和按需测绘为需求背景,以空地一体化为核心技术手段,以实现快速精细化成图为研究目标,通过对空地一体化系统总体框架的研究与构建、UAV 低空航测与地面 GPS/TS/FOG 组合测绘各自技术的研究与突破、系统集成中关键问题的研究与开发、高精度检定场的系统测试与典型示范区的实际应用,形成了空地一体化的快速成图技术体系。各章框架及主要内容安排如下:

第一章:绪论。全面阐述课题研究背景及大比例尺成图的技术手段与各自优缺点,得出依靠单一技术手段难以满足快速、经济、精细化的成图需求,从而提出了空地一体化的快速成图构想。从无人机低空航测成图技术、地面数字化测绘技术、空地一体化成图技术三方面详细分析了研究进展与存在问题,引出课题研究的主要内容及研究的意义。

第二章:空地一体化快速成图系统架构研究。本章从理论到技术两个层面,研究了空地一体化快速成图系统的体系结构和总体框架,为后续章节梳理出系统集成所涉及的关键技术和集成方向。在此基础上进行了系统集成的总体设计与分系统设计,为第五章的系统集成开发构建了明确的开发目标。本章还针对无人机航测成图与地面 GPS/TS/FOG 组合成图各自的技术流程特点,提出了支撑空地一体化快速成图系统的新型业务流程,从宏观上解译了实现快速成图目标的理论依据和技术可行性。

第三章:空地一体化快速成图关键技术研究。本章针对长期困扰无人机航测成图精度与效率的问题,研究了机载传感器改进技术、稀少控制点下的后差分 GPS 辅助空三技术、轻小型机载 POS 辅助空三技术,系统地总结了无人机航摄相机改进及配置的关键,提出了基于超轻型 POS 的一体化相机集成设计方案;针对地面定位复杂环境以及 GPS 信号盲区严重影响测图的问题,研究了 GPS/TS 组合定位技术与 FOG/TS 组合定向技术,提出了 GPS/TS/FOG 组合快速测绘理论与算法实现;针对复杂环境下 GPS/TS 仍然定位困难并严重影响测图效率问题,研究了三维激光扫描快速成图技术及其应用,为真正实现空地一体化快速成图目标扫清障碍,也为第四章的系统集成开发做了理论和技术上的铺垫。

第四章:空地一体化快速成图系统集成开发。本章在提出系统需求分析与集成方案构想的基础上,针对系统集成中的无人机图件高效压缩与实时显示、GPS/TS 组合定位系统开发、FOG/TS 安装设计与定向软件开发等技术关键进行逐一解决与实现;还对系统集成中的硬件设备如光纤陀螺及供电模块、全站仪、测距棱镜、GPS 等进行设计加工与无缝组装,对于发挥无线通信功能的蓝牙模块(最新采用短信模块替代)还从软件技术层面予以支撑开发,从系统优化与设备更新的角度对"十一五"期间开发的模块及软件进行改造与升级,使之进一步地保障系统集成的可靠性和实用性。

第五章:试验验证实际应用。本章简要介绍了子系统在改进过程中的试验测试,重点阐述了改进后的 GPS/TS/PAD 组合测绘系统在东南大学江宁校区的试验测试与精度检验;全面总结 RS/GPS/TS/FOG 集成测绘系统在北京示范区、上海示范区的实际应用流程;通过与常规地面测绘方法相比,验证了本系统通过作业流程优化与技术升级,显著提高了外业工作效率,组合成图精度也相应提高,FOG 辅助全站仪定向获得的方位精度能较好地满足日常地形图测绘要求。

第六章:总结与展望。本章主要对课题研究内容和成果进行总结,归纳创新点,并提出今后需要进一步研究的方向。

第二章 空地一体化快速成图
系统架构研究

　　系统架构是系统设计和系统实现的基础,是系统中最本质的部分。系统的各个组成部分正是通过架构所描绘的方式协同工作共同完成系统的功能,从而表现出一个完整的系统。具体到课题研究的空地一体化快速成图系统,其整体架构包括无人机航测成图、多模卫星定位控制以及地面 GPS/TS /FOG 集成数据采集三大技术体系。为了实现空地一体化成图整套业务,本章还针对无人机航测成图与地面 GPS/TS /FOG 组合成图各自的技术流程特点,提出了支撑空地一体化快速成图系统的新型业务流程。

2.1　系统体系结构

　　空地一体化快速成图系统以 3S(GPS、RS、GIS)技术为理论基础,以无人机、数码相机、GPS 接收机、全站仪、光纤陀螺仪为主体,为测绘人员提供基于无人机航片的快速成图手段,其实质是传统摄影测量与地面数字化测量的一体化作业。课题研究的空地一体化快速成图系统涉及卫星定位、航空摄影、数据通信、时空框架、组合定向定位等多方面的理论与技术。为了便于从宏观上全面把握,建立一个空地一体化快速成图系统体系结构是必要的。该系统体系结构如图 2-1 所示,主要包括理论体系结构与技术体系结构。

2.1.1　理论体系结构

　　一种新型成图作业模式的运行离不开测绘基础理论的支撑。空地一体化快速成图模式,其研究目标就是要面向局部、困难区域的应急测绘需求,突破多理论综合与多技术集成难点,实现基于空地数据采集设备优势互补的快速测绘理念。

　　研究空地一体化的快速成图系统,主要综合运用飞行控制理论、卫星定位理论、低空遥感理论、组合导航理论、组合定向定位理论、基准转换理论、误差处理理论、无线通信理论等,通过以 GPS 卫星定位为主体的关键技术研究与集成开发,为测图区域快速获取无人机遥感图件,同时在隐蔽遮挡区域进行地面 GPS/TS/FOG 补充测绘,以空地一体化方式提供区域测绘图件。

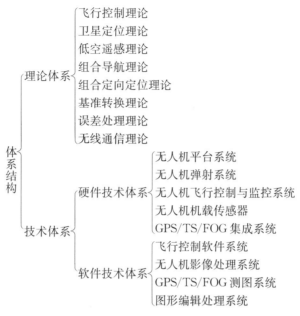

图 2-1　空地一体化快速成图系统体系结构

表 2.1　空地一体化快速成图系统理论体系一览

理论体系	关键技术	解决问题
飞行控制理论	非线性动态逆和变结构控制 神经网络智能控制	控制无人机按照预定的航迹飞行,并实现定点信息采集
卫星定位理论	GPS 单点定位(PPP) GPS 差分定位(RTK)	快速获取无人机摄站位置、像片控制点坐标、地面测量点的定位信息
低空遥感理论	摄影测量 图像处理	将航摄像片的中心投影变换为地形图的正射投影,并经影像校正、自动识别和快速拼接获取待测区域的正射影像图
组合导航理论	GPS 导航 惯性导航	利用机载 GPS 导航定位信号以及惯导器件的动态信息,实时解算无人机动态位置、速度、姿态等信息
组合定向 定位理论	GPS /TS 组合定位 FOG /TS 自主定向	以自由设站方式实现隐蔽区域下的快速定位,以即插即用方式解决单一控制点条件下的快速定向测绘
基准转换理论	坐标系转换 基准转换	GPS 定位点的 WGS84 地心坐标转换为我国参心坐标 XIAN80 或 BJ54
误差处理理论	误差传播定律 最小二乘原理 参数估计理论	无人机航片空中三角加密与平差解算、区域控制点兼容性分析与坐标转换参数精确解算
无线通信理论	数据传输 影像压缩存储	利用全向天线和数据链与机载飞控系统进行通信,实时上传下载飞行信息

2.1.2　技术体系结构

技术体系包括硬件技术体系和软件技术体系两大部分。3S 技术、传感器技术、计算机技术、自动控制技术和数字通信技术的不断发展,已能保证硬件技术满足空地一体化数据采集系统的工作要求,如空中飞行与航摄硬件平台、地面 GPS/TS/FOG 硬件集成等,因此软件技术成为主要问题。

在软件技术中处于最底层的支持软件是操作系统,空地一体化数据处理系统涉及大量的影像数据、空间数据和属性数据,所以需要用到地理信息系统和数据库管理系统,同时空地一体化数据处理系统的正常运行离不开一个可交互操作的人机界面,因此需要用到面向对象程序设计语言。

表 2.2　空地一体化快速成图关键技术体系一览

技术体系	技术类别	解决问题
硬件技术体系	无人机飞行平台	提供安全可靠的无人机飞行航拍保障
	无人机弹射与回收	确保无人机顺利升空与着陆
	无人机飞行控制与监控	在地面监控系统和机载飞控系统之间通过双向数据通信,控制无人机按照预定的航迹飞行
	无人机机载传感器	确保在提高飞行速度的同时能高速同步地获取高分辨率的影像
	GPS/TS/PAD 地面采集设备	通过 GPS 与全站仪的优化集成快速获取无人机盲区的建构筑物的图件成果
	FOG/TS/PDA 地面采集设备	通过 FOG 与全站仪的优化集成快速提供无人机盲区的自主定向测图
软件技术体系	无人机飞行控制软件	机载控制软件用于监测与控制飞行航迹以及意外情况下的自动紧急降落处理;地面监控软件用于飞行前任务航路规划,飞行中实时显示飞行区域的电子地图、航迹、飞行参数、飞机的姿态航向参数,便于操作者进行操控
	无人机影像处理系统	解决无人机图像校正、增强问题,实现自动空中三角测量以及 DEM 与 DOM 自动生成
	GPS/TS/PAD 地面测图软件	解决与 GPS/TS 组合定位相配套的现场数据采集成图问题
	FOG/TS/PDA 实时定向软件	解决与 FOG/TS 集成的现场自主定向计算问题

空地一体化数据采集系统主要硬件平台有:

(1) 无人机飞行平台

无人机飞行平台主要包括固定翼无人机、多旋翼无人机和单旋翼无人机(无人直升机)、无人飞艇三类。

固定翼型无人机:结构简单,动力强,抗风能力强,飞行可控性更高,航时长,起飞方式有滑跑、弹射、火箭助推等,适用于大面积航摄,是目前低空遥感领域应用最广泛的无人飞行平台。

图 2-2　固定翼无人机

多旋翼无人机、无人直升机:能够定点起飞、降落,对起降场地的条件要求不高,其飞行可以人工操作,也可自驾飞行,起降灵活。但无人直升机的结构相对来说比较复杂,抗风能力弱,目前主要应用于 500 m 以下、小面积的超低空飞行。

图 2-3　多旋翼无人机　　　　　　图 2-4　无人直升机

无人飞艇:可以实现低空、低速飞行,作为一种独特的飞行平台能够获取高分辨率遥感影像,操控比较容易,安全性好,可以使用运动场或城市广场等作为起降场地,特别适合在建筑物密集的城市地区和地形复杂地区应用,如城市地形图的修测和补测、建筑物精细纹理的采集、城市交通监测、通信中继等。

图 2-5　无人飞艇　　　　　　　图 2-6　无人机轮式滑跑起飞

(2) 无人机飞行弹射机构

在无人机发射与回收方面,主要有两种方式:其一是轮式滑跑起飞与轮式滑跑降落,如图 2-6 所示;其二是弹射架助推发射升空和通过遥控用降落伞或拦网回收,如图 2-7、图 2-8 所示。

图 2-7 无人机助推弹射架

图 2-8 无人机伞降回收

（3）无人机飞行控制系统

无人机飞行控制系统包括数据通信链路及实时监控系统、自动驾驶仪等组件，通过自驾仪传感器实时感知飞行姿态并通过舵机实时自动保持飞行姿态的平稳和保持设计航线并实时接收来自监控中心的指令。自动驾驶仪是飞行控制系统的核心部件，能自动执行包括起飞、爬升、航线飞行等任务。国外较成熟的是美国 UAV Flight Systems 的 AP50、加拿大 Micropilot 的 MP2028 和 MP2128，国内较成熟的是 UP30 和 YS09 等。

图 2-9 国产 UP30 自动驾驶仪

图 2-10 地面监控站

（4）无人机机载传感器

无人机机载传感器目前主要选用民用高端数码相机，少数系统集成了专业航空相机，同时可以搭配多种其他用途的专业传感器，如多光谱相机等。

图 2-11 常用影像传感器

（5）地面外业测量系统

地面外业测量系统主要包括全站仪、电子平板、GPS接收机、光纤陀螺仪等（图2-12～图2-15），用于外业像控测量，而GPS/TS/FOG组合系统则用于无人机航摄盲区（即隐蔽地区）的精细化修补测。

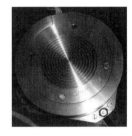

图 2-12　全站仪　　　图 2-13　平板电脑　　　图 2-14　GPS接收机　　　图 2-15　光纤陀螺仪

2.2　系统架构与集成设计

空地一体化快速成图系统，集成GPS定位、低空遥感、地理信息、网络通信、自动控制、无线通信以及其他移动信息技术，将低空无人机遥感影像采集与处理、地面GPS/TS/FOG数字化测绘信息采集与处理、网络化信息传输进行系统性的集成整合，形成空地一体化的快速测绘体系，实现各种复杂隐蔽环境下大比例尺地形图的快速获取。系统组成总体架构如图2-16所示。

无人机低空遥感测绘系统：综合集成摄影测量技术、遥感传感器技术、遥测遥控技术、GPS差分定位技术、无人驾驶飞行器技术、通信技术和遥感应用技术等尖端技术，以无人机为飞行平台，以高分辨率长焦距测量型数码相机为传感器，直接获取摄影区域高分辨率的三维数字影像，经过飞行姿态改正、像控测量、影像畸变差改正、自动空三、密集点匹配、DEM编辑等一系列的后处理，同时生成数字高程模型、数字正射影像图、数字线划图等不同类型的测绘产品，满足不同性质的用户需要。

地面GPS/TS/FOG组合测量系统：综合集成GPS差分定位技术、全站仪定位技术、光纤陀螺传感器技术、无线通信技术和遥感图像压缩技术等尖端技术，以全站仪为数字化测绘核心设备，以GPS单基站RTK定位方式或接入当地CORS系统进行网络RTK定位，随机测定隐蔽区少量高精度测图控制点，经过自由设站后方交会、区域图件坐标变换等现场处理以及内业编辑处理获取数字化图件；也可将光纤陀螺即插即用于全站仪上，快速获取独立控制点下的绝对方位，实现无成对定向控制点下的快速测绘，满足各种复杂隐蔽情况下的测绘需求。

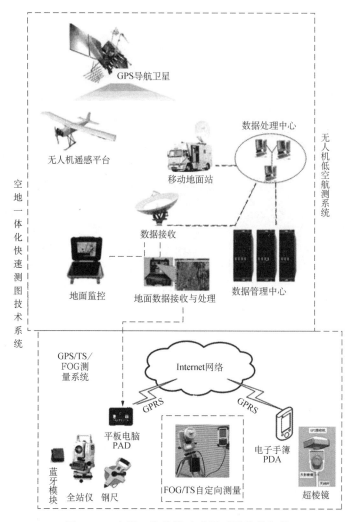

图 2-16　空地一体化快速成图系统总体架构

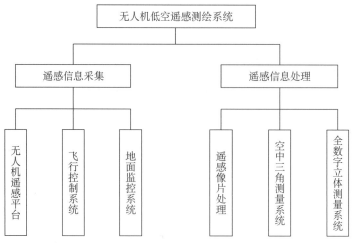

图 2-17　无人机低空遥感测绘系统框图[22]

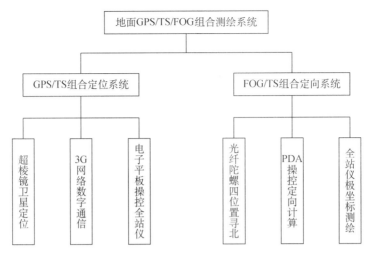

图 2-18 地面 GPS/TS/FOG 组合测绘系统框图

2.2.1 无人机低空遥感信息采集子系统

无人机低空遥感信息采集子系统主要由以下三部分组成[22]：

（1）无人机遥感平台

无人机遥感平台包含无人机、影像传感器、机载飞控，它是遥感信息采集的核心设备。

（2）飞行控制系统

作为无人机的飞行控制关键部分，其主要任务是利用 GPS 的导航定位数据以及陀螺仪、加速度计等飞行平台的动态信息，实时解算无人机在飞行中的位置、速度、高度、俯仰、横滚、偏航、空速等信息，以及接收处理地面发射的测控信息，对无人机进行数字化遥控，根据所选轨道来设计舵面偏转规律，控制无人机按照预定的航线飞行，并实现定点信息采集。

（3）地面监控系统

地面监控系统主要由便携式计算机、全向天线、供电系统以及监控软件组成，利用地面监控软件设置必要的飞行参数，如航点输入、航线规划、相机曝光、数据的上传与下载、导航模式的选择、基本飞行参数的设置、危险情况下的报警设置等，利用全向天线和数据链与机载飞控系统进行通信，实时上传或下载飞行信息。

2.2.2 无人机低空遥感信息处理子系统

无人机低空遥感信息处理子系统主要由以下三部分组成[22]：

（1）遥感影像处理

根据航摄任务技术设计规范、相机检定参数等初始文件，对原始影像进行航带整理、质量检查、拼接、畸变改正等预处理工作,形成可供野外像片控制和室内空三处理的像片文件。

（2）空中三角测量

空中三角测量是遥感信息处理子系统的核心部分。根据整理好的航带列表,确定航线间的相互关系,对影像进行内定向,经过影像间连接点的布局、像控点量测、平差计算进行自动空三加密,以此建立三维立体模型,并进行模型定向以及生成核线影像。

（3）全数字立体测量

此部分由专用的立体量测设备、手轮脚盘、三维鼠标等硬件和若干软件模块组成,可自动化地生产各种数字测绘产品,包括数字高程模型（DEM）的提取和编辑、数字正射影像图（DOM）的生成和镶嵌、各种比例尺数字线划地形图（DLG）的测绘与编辑等。

2.2.3　地面 GPS/TS/PAD 快速定位测图子系统

地面 GPS/TS/PAD 快速定位测图子系统主要由以下三部分组成:

（1）超棱镜卫星定位

超棱镜就是将 GPS 接收机安置于经过改装的测距棱镜架上,连同棱镜杆形成系统中独具特色的组合结构。主要完成三方面功能:以 GPS RTK 方式测定区域内图根控制点、配合全站仪主机完成测距以便及时推算全站仪坐标、卸去上端 GPS 当作普通棱镜用于界址点与地物点测绘。

（2）3G 网络数字通信

3G 即第三代移动通信技术,它支持高速数据传输,能够同时传送声音及数据信息。前期是利用蓝牙无线通信技术开发蓝牙模块,完成 GPS 与镜站 PDA、全站仪与测站 PDA 相互间短距离（10 m）通信。为避免通信距离的限制,扩大测站工作的灵活性,改用新的 3G 技术开发短信模块优化完成上述功能。

（3）电子平板操控全站仪

电子平板 PAD 相对于 PDA 具有大屏幕、大容量、数据处理能力强的优势,内置开发的数据采集构图软件与全站仪配合使用,主要完成以下各种功能:实时计算全站仪自由设站位置坐标、操控全站仪定位定向、实时接收显示 GPS 和全站仪测量数据、配合钢尺丈量数据完成现场构图、图形简单编辑、各种数据格式输出。全站仪发挥通视条件下快速数据采集优势,为 PAD 构图提供主要数据源。

2.2.4　地面 FOG/TS/PDA 快速定向测图子系统

地面 FOG/TS/PDA 快速定向测图子系统主要由以下三部分组成:

（1）光纤陀螺四位置寻北定向

光纤陀螺发挥高精度、轻小型、启动快等优势,并借助于全站仪提供的高精度整平和角度信息,通过四位置补偿算法基本消除 FOG 安装误差与漂移误差,实现光纤陀螺敏感轴快速寻北,相应地可转换成全站仪视准轴方向。

（2）PDA 操控定向计算

测站上的 PDA 主要是操控全站仪照准部旋转与望远镜倒转,完成 FOG 四位置数据采集,并利用内置开发的 FOG/TS 定向解算软件,获取单点条件下的全站仪视准轴真方位角和坐标方位角。

（3）全站仪极坐标法测绘

全站仪获取了测站定向方位后,即可利用全站仪自身的基本功能（调焦、对中、整平、测角、测距、测坐标、数据输出等）配合电子平板 PAD 及内置的数据采集构图软件,按极坐标法实施测站点周围的地形地物点数据采集,迁站测绘时不再需要 FOG 定向,直接进行测站方位的传递。

2.3　系统业务流程

为了实现空地一体化的快速成图构想,需要在无人机航测成图与地面 GPS/TS/FOG 组合测图各自业务基础上,通过优化整合进而形成大比例尺成图业务的总体流程。

2.3.1　UAV 航测成图业务流程

无人机航测系统在大比例尺成图业务流程上,与传统的载人航摄成图有相同之处,如无人机航测成图工作同样分为外业航摄及内业制图两部分。外业航摄的主要工作包括航飞拍摄及利用 GPS-RTK 野外实测像控点坐标;内业工作主要包括像片拼接、空中三角测量等。由于无人机航摄系统自身的特点和性能又决定了它与传统的航空数码影像在业务细节上又有差异之处[3]。图 2-19 反映了无人机航摄影像的获取与处理的一般流程。

（1）航线设计

航线设计是航摄影像信息采集前的关键性工作,需要对影像的地面分辨率、航摄区域的形状和地形特点以及数码相机性能等因素进行综合考虑,以保证影像精度和质量为前提进行航线的最优设计。根据航摄任务的实际情况和具体要求,计算出无人机航摄系统的飞行参数,如影像重叠度和地面分辨率等。然后将计算出的飞行参数导入航线设计软件中。在进行航线设计的同时,软件还能够提供曝光点坐标、航线条数、基线长度及像片总量等相关信息。

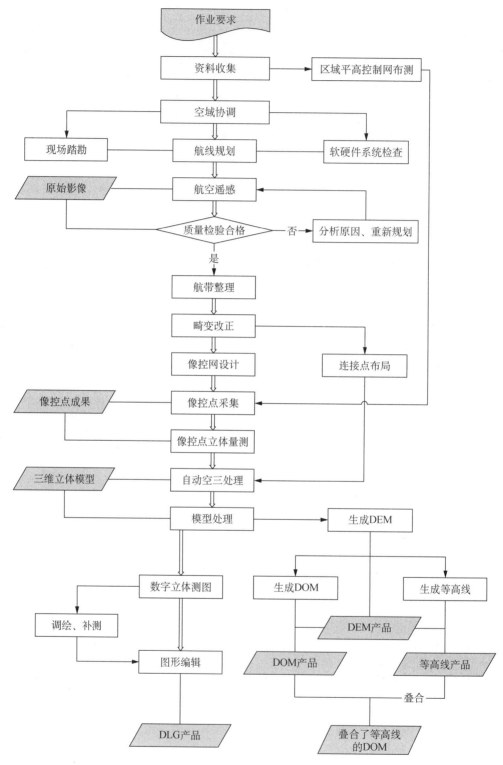

图 2-19 UAV 航测成图业务流程[22]

对设计好的航线要进行检查,如:航线能否完全覆盖摄区边界线及其走向是否合理;摄区分区是否合理,以分区内地形高差<1/6行高为判断标准;除此之外,还需要检查像主点(是否落水)、航高、影像重叠度、地面分辨率、摄影基面等是否符合要求。

(2)航空摄影

按预先设计的航线,使用无人机飞行平台搭载数码相机对测区进行航空拍摄,并获取摄区影像。当影像出现错过曝光点或者不能完全覆盖摄区的情况时,需要进行补测或重飞。与传统航空摄影测量的不同之处在于无人机一般执行的都是小区域的航摄任务,不用考虑地球曲率变化,也不需要精确的地面点高程。通常情况下,已知航摄区域四角坐标即可进行航线设计,极其特殊条件下需设定摄影分区。航摄影像质量的检查在工作现场就可以完成,速度快、效率高。

(3)像片控制测量

像控点可按区域网布设,为提高像控点的加密精度,可以在区域网的两端和中部位置增加平高点。采用 RTK、GPS 静态或测距导线测定像控点平面坐标,采用 GPS 曲面拟合或图根水准测定像控点高程。当引入轻型机载 POS 系统时,可以显著减少像控点布设数量。

(4)内业测图处理

无人机航摄系统搭载非量测数码相机进行航拍,相机自身的性能对测量精度影响较大。未经过处理的航摄影像畸变差较大,无法直接用于空中三角测量等后续处理工作。所以,在影像进行空三加密前,需要先对其进行畸变差改正等影像预处理工作。

目前普遍利用全数字摄影测量工作站进行内业测图处理的全部工作,如影像预处理、空中三角测量、地形要素数据采集。影像模糊或立体判测有疑问的地物,要做出标记供外业补调,内业能定性的地形要素可直接标注图式符号。

(5)外业地形图调绘

外业调绘和补测时,简单易补测的新增地物可直接补测上图,只需标注好与附近相关地物的距离尺寸;成片新增地物或隐蔽遮挡区域可采用常规的全站仪或 RTK 方法进行野外数据采集,配合外业草图进行内业编辑。也可采用本系统研发的地面 GPS/TS/FOG 组合测绘系统进行高效的数据采集成图。

调绘的基本内容包括:①对内业采集的要素进行定性并纠正采集错误的地物;②实地调绘新增、隐蔽及采集遗漏的地物,同时注意地理名称和实体属性等;③改正变形的屋檐,检核重要地物的精度。

(6)标准地形图制作

将编辑好的数字线划地形图按照 CASS 软件的数据标准,编辑成需要的数字地形图。

　　清绘编辑的基本内容包括：①将调绘的各类属性和地理名称上图；②导入采集的补测、新增、遗漏地物；③进行房檐改正并修改外业发现的采集错误；④按照图式要求对图形关系进行编辑、处理并配置符号；⑤对图幅进行整饰并接边。

2.3.2　地面 GPS/TS/FOG 测图业务流程

　　地面 GPS/TS/FOG 测图系统在大比例尺成图业务流程上，与传统的数字化测图有相同之处，如 GPS/TS/FOG 成图工作同样分为外业数据采集及内业编辑成图两部分。外业数据采集的主要工作包括测区控制点坐标联测及测站控制细部一体化测图；内业工作主要包括图形编辑与拼接、地形图标准化等。由于 GPS/TS/FOG 成图的目的在于通过作业工序的优化来实现快速成图的目标，因此它与传统的数字化测图在业务细节上有着较大差异。图 2-20 反映了 GPS/TS/FOG 测图数据采集与处理的一般流程。

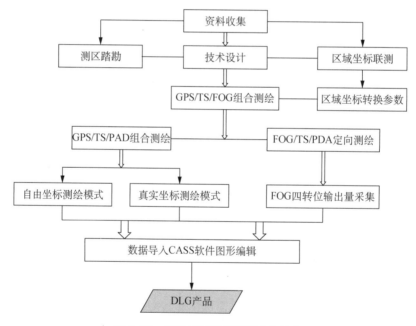

图 2-20　GPS/TS/FOG 测图业务流程

　　（1）资料收集与分析

　　收集测区已有的图件作为工作底图，图件应该是现势性最好且比例尺最为接近的；收集测区已有的 GPS 控制点及点之记用于控制点坐标联测，控制点应该是等级四等以上且分布较为均匀的点位，点位是否保存完好可用，需要实地踏勘。

　　（2）坐标联测与精度校核

　　坐标联测的目的是要获取测区 WGS-84 到测区坐标系统的转换参数，实现 GPS 随测随转换。坐标联测的方法是：在选定的若干个高等级已知点（具有地方平面坐标）上设站进行 GPS 观测,获取相应的平面坐标(此时的已知点又称为公共点),根据这些公共点的两套平面坐标,确定 WGS-84 坐标系与北京地方坐标系之间的坐标转换参数。

为了保证坐标转换的精度,作为坐标联测的控制点,必须满足 GPS 观测要求,点位尽可能均匀分布并能够覆盖测区;点位数量视测区范围至少 3 个以上。

获取坐标转换参数,还必须进行精度校核以验证坐标转换参数的正确性。精度校核分为内部可靠性校核和外部可靠性校核,其中内部可靠性校核也就是坐标联测点之间的相互校核。考虑到坐标转换参数具有一定的时间性,当相隔半年以上的测绘时,应首先进行已有控制点的校核工作。

（3）现场测绘方法

根据测区的实际情况,灵活选用 GPS/TS/PAD 系统提供的两种设站模式:第一种为常规设站模式,适合于测站点、定向点能容易实现 GPS RTK 定位的情形,直接采用真实坐标,由 PAD 控制全站仪测绘;第二种为自由设站模式,适合于测站点、定向点不能实现 GPS RTK 定位的情形或无控制点情形,此时先采取自由坐标测绘或底图坐标,由 PAD 控制全站仪测绘,观测中随机联测若干个 RTK 点,通过坐标变换来实现已测图形的变换。自由设站模式也是新技术方法的主要特色[20]。

对于测区有独立控制点时,无须布设无定向导线,直接采用本系统设计的 FOG/TS/PDA 单点完成定向,可以继续进行全站仪极坐标测绘。

（4）内业图形编绘

外业现场所构的图形还只是线划图,没有必要的地物符号和文字注记,需要利用通用成图软件(如南方测绘公司 CASS 软件或广州开思 SCSG 软件)来完成内业编绘工作。由于外业已完成了大部分的现场成图工作,所以内业编绘工作相对简单,只需将 PAD 现场所构的线划图调入地形地籍数字化成图软件中,作为内业编绘的基础图件。

2.3.3　系统集成后的总体流程

空地一体化目标是要将无人机航测成图成果与地面 GPS/TS/FOG 测图成果进行有机集成,实现快速高精度成图。因此,系统集成后的业务流程总体目标是:流程简洁优化、数据资源共享、成图精度优良。

图 2-21 反映了空地一体化成图系统集成后的总体业务流程。其主要特点体现在以下几个方面:

1）测区坐标联测,从全局着想,兼顾了无人机摄区差分 GPS 定位需要和地面超棱镜 GPS 测定图根点的需要,通过一次坐标联测就可解决全测区实时坐标转换与统一问题。

2）轻小型 POS 辅助空三加密,减少了野外像片控制点布设数量,提高了外业工作效率。

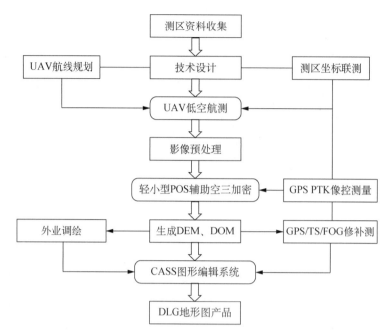

图 2-21 系统集成后的快速成图总体流程

3）GPS/TS/FOG 组合定位定向系统，解决了无人机影像遮挡区域以及新增建设区域的快速精细化测绘，实现了空地一体、优势互补。

4）无人机影像成果导入地面 PAD 中作为测绘底图，实现了基于现状底图的可视化测绘，提高了修补测的工作效率。

2.4 本章小结

本章从理论到技术两个层面，研究了空地一体化快速成图系统的体系结构和总体框架，为后续章节梳理出系统集成所涉及的关键技术和集成方向。在此基础上进行了系统集成的总体设计与分系统设计，为第五章的系统集成开发构建了明确的开发目标。本章还针对无人机航测成图与地面 GPS/TS/FOG 组合成图各自的技术流程特点，提出了支撑空地一体化快速成图系统的新型业务流程，从宏观上解译了实现快速成图目标的理论依据和技术可行性。

第三章 空地一体化快速成图 关键技术研究

空地一体化快速成图就是将数字地面一体化测量系统与空间卫星定位手段、低空无人机遥感手段合理集成,通过优势互补以实现快速成图目标。如此不单单是成图方法的改变,而且是将数字化测绘下的"人力—效率"转变为信息化测绘下的"整合—效能",彻底打破测绘装备之间的各自独立性,形成空地一体化联合成图理论与技术的创新。

本章将针对现行空地一体化成图中存在的无人机航测大比例尺测图高程精度不达标、外业像控点测量依然工作量大、地面隐蔽复杂环境下 GPS 定位与全站仪定位效率低等长期困扰的难题进行探讨,重点研究影响无人机航测成图精度与效率的机载传感器改进技术、稀少控制点下的轻小型 POS 辅助无人机空三技术、复杂环境下的 GPS/TS 组合定位技术、信号盲区下的 FOG/TS 组合自主定向技术,创造性地解决小区域无人机航测大比例尺快速成图,地面复杂环境下 GPS 与全站仪组合快速定位,以及信号盲区下的FOG/TS 自主定向修补测成图等技术难题,为真正实现空地一体化快速成图目标提供技术支撑。

3.1　UAV 机载影像传感器改进技术

无人机机载影像传感器是根据不同类型的遥感任务需要,选用相应的机载遥感设备,如高分辨率 CCD 数码相机、轻型光学相机、红外扫描仪、激光扫描仪、多光谱成像仪、合成孔径雷达等。使用的遥感传感器应具备数字化、体积小、质量轻、精度高、存储量大、性能优异等特点[1]。

无人机遥感成图精度及效率与影像传感器性能品质密切相关。然而受有效载荷(一般不超过 5 kg)的限制,无人机不能装载有人机所使用的重达百公斤量级的高档航空相机,而只能采用小型的数字相机作为机载遥感设备。不难预测,影像传感器的改进将能有效改善成图精度和提高成图效率。

3.1.1　国内无人机普遍搭载使用的相机

佳能 5D MarkⅡ是目前无人机平台上搭载应用最普及的影像传感器,从 2010 年国家测绘局开始推广无人机装备到 2013 年底,全国装配的无人机航测系统约有 90% 搭配的是佳能 5D MarkⅡ或Ⅲ。

佳能 5D MarkⅡ的优点是成本低,感光范围广,电池、存储性能都能满足无人机航摄的要求;缺点是像幅小,飞行效率低,画质深度不够。

3.1.2　几种适合无人机搭载的新型相机

(1) 尼康 D800

尼康 D800 是尼康公司于 2012 年推出的一款全新 FX 格式数码单反相机。该相机采用 3 630 万有效像素,并搭载了新型数码图像处理器 EXPEED 3 和约 91 000 像素的 RGB 感应器,在高清晰度和图像品质方面有了突破性的飞跃。

其优点是成本低,感光范围广,像幅稍大,电池、存储容易满足无人机航摄的要求;缺点是像幅相对较小,飞行效率不高,画质有缺陷。D800 含定焦镜头的售价约为 2 万元。

(2) 索尼 A7R

索尼公司于 2013 年正式发布 A 系列全新便携全画幅微单索尼 A7R,采用 3 640 万的全画幅 Exmor CMOS 影像传感器(与 D800 属同一规格)和 BIONZ X 处理器,小机身设计使得高画质与便携性共存。

该相机搭配蔡司的 35 mm 镜头,总重不超过 600 g,是当前同等像幅下最轻的全画幅相机,适合于组建双拼相机和多拼倾斜相机。

(3) PHASE ONE IQ180

PHASE ONE IQ180 是丹麦飞思公司生产的并于 2011 年发布的全球首款民用 8 000 万像素 CCD 传感器,传感器尺寸为 53.7 mm×40.4 mm,像素尺寸 10 328×7 760,快门速度 1 min～1/10 000 s,感光度 ISO 为 50～800,单机质量 1 730 g,整机质量为 2.5 kg 左右。该机的像幅较前述几款大大提高,虽然 ISO 范围缩小,保持 1/1 000 s 快门速度对拍摄的光线要求较高,但画质更细腻,景深更高,但是存储、电源需要进行改装,才能避免过热和存储造成的丢片现象。另外机身质量增加,所以对飞行平台的荷载和安全性要求更高。

(4) PHASE ONE IXA180

PHASE ONE IXA180 是丹麦飞思公司生产的并于 2012 年发布的轻型专业航空相机,采用坚固耐用的 6061 航空铝合金构造而成,采用一体化的紧固型机身设计,单机全重小于 2.5 kg,适合在无人机上搭载并可以与其他 POS 系统连接,提供高动态范围和细致画质。

IXA180 作为专业航空相机,相比前述几种民用的单反相机具有许多专业化的设计,主要体现在以下几个方面:

1) 结构的稳固性

针对航空拍摄的特性,飞思公司进行了结构一体化的设计,一是对机身采用航空铝,内部单元紧凑,质量轻,减少空中隙动对光学结构的影响;二是对镜头专门设计了紧固装置,使镜头的畸变不会因为长期恶劣飞行条件造成镜片组移动而发生变化。

2) 能准确获取快门曝光中值信号

IXA180 通过电子系统利用 3 个信号连接和控制 IXA 相机,并通过曝光快门中值信号通过信号输出接口,可以和 GPS/IMU 等连接,支持高级导航定位设备（NovAtel,Applanix),使用一般 NMEA 协议,与导航定位设备采用单一接口连接,也可由导航定位设备直接触发拍摄,也可由飞控触发拍摄,由导航设备连续记录每张照片的曝光中值信号,获得像主点的脉冲时间。

3) 内置电子像移补偿

无机械移动部件,集成于 CCD 的影像补偿技术,使得被摄影像与感光面之间没有相对运动造成的影像模糊,提高量测和匹配精度。

(5) PHASE ONE IXU150

PHASE ONE IXU150 是丹麦飞思公司生产的并于 2014 年发布的当时全球最轻的5 000 万像素航空相机,采用了 5 000 万像素 CMOS 传感器,感光度为 ISO 100~6 400,CMOS 尺寸为 43.8 mm × 32.9 mm,像素尺寸 8 280×6 208(4:3 比例),单机质量仅750 g,配 80 mm 施耐德叶片式快门镜头,整机质量为 1.3 kg。该相机专门为无人飞行平台设计,还可以直接连接 GPS/IMU 设备,感光范围更广,成像效果及对无人机的适应性大大提高,使用成本及风险较 IXA180 有所降低。

飞思公司针对无人机推出的相机解决方案,无论是 IXA180,还是 IXU150,都为我们改进和集成无人机系统的传感器提供了有益的参考。

表 3.1　几种可用于无人机搭载的相机

名称	佳能 5D Mark Ⅱ	尼康 D800	索尼 A7R	丹麦飞思 IQ180	丹麦飞思 IXA180	丹麦飞思 IXU150
外形						
像素	2 110 万	3 630 万	3 640 万	8 000 万	8 000 万	5 000 万
质量	810 g	1 600 g	410 g	1 730 g	2 500 g	750 g
价格	2 万元	2 万元	2 万元	30 万元	60 万元	25 万元

3.1.3 几种相机用于无人机测量的比较

（1）飞行效率

以 100 km 航线为基准，根据 6 种相机的参数，计算出飞行效率等参数，并对各种相机的影像质量由航测作业人员做直观评判打分，见表 3.2。

表 3.2 不同相机作业飞行效率及影像量测精度分析

序号	传感器	像素尺寸	像幅大小（km²）	100 km航线面积（km²）	基线长 B(m)	35 mm镜头航高 H(m)	基高比（B/H）	影像评分（5分）
			设 GSD＝10 cm，宽边垂直，航向重叠率 70%，旁向 40%					
1	5D Mark Ⅱ	5 616×3 744	0.56×0.37	44	112	547	0.2	4
2	D800	7 360×4 912	0.73×0.49	59	147	717	0.2	4.2
3	A7R	7 360×4 912	0.73×0.49	59	147	717	0.2	4.2
4	IQ180	10 328×7 760	1.03×0.78	83	233	673	0.35	4.5
5	IXA180	10 328×7 760	1.03×0.78	83	233	673	0.35	4.6
6	IXU150	8 280×6 208	0.83×0.62	66	186	660	0.28	4.8

根据表 3.2 的计算，可以看出：①在满足相机曝光连续间隔的前提下，飞行效率取决于相机旁边幅面的大小，在飞行难度不大区域，可以考虑调换相机的安置方向来提高基高比，但是飞行密度会加大，效率降低。②新推出的几种大幅面相机的飞行效率较 5D Mark Ⅱ大大提高，D800 和 A7R 达到 1.3 倍，IQ180 和 IXA180 达到 1.9 倍，这对提高作业效率效果显著。

（2）空三效率及精度比较

在江西永修县选择一块平原＋丘陵的典型地貌作为试验区，大小为 5 km×5 km，已采用常规手段进行了 1∶500 全野外地形测量，本次试验分别采用同一架无人机在天气基本相同条件下搭载 5D Mark Ⅱ、D800、A7R、IQ180、IXA180，按 0.1 m 分辨率进行拍摄，航向重叠率设计为 70%，旁向重叠率设计为 40%。按照《低空摄影测量外业规范》航向 6 条基线，旁向隔一条航线布点的方案，进行像控点布测，在未引入其他辅助数据的前提下，采用 INPHO 摄影测量处理系统，以同一单机工作站分别进行自动空三，加以少量的人工干预，并用 1∶500 地形图上高程及平面点作为检核空三精度的依据，所得结果见表 3.3。

表 3.3　不同相机飞行成果测量效率及精度分析

序号	传感器	像片数	常规方法布测像控点数	中误差（μm）	匹配计算时间（h）	抽检点数		检测精度中误差（m）	
						平面	高程	平面	高程
1	5D Mark Ⅱ	736	81	6.3	6	186	151	0.39	0.42
2	D800	432	49	4.5	5.1	123	106	0.35	0.40
3	A7R	432	49	5.0	5.3	123	106	0.37	0.44
4	IQ180	230	24	3.9	3.5	82	85	0.32	0.36
5	IXA180	230	24	3.0	3.0	82	85	0.27	0.30

从表 3.3 的试验结果可以看出：① 大幅面相机的使用显著地降低了像控点的需求数，D800 和 A7R 的像控需求较 5D Mark Ⅱ降低到 3/5，IQ180 和 IXA180 较 5D Mark Ⅱ降低到近 1/4，且整体连接精度更加稳定，特征点匹配速度更快，运算时间显著提高，匹配精度更高；②无人机航测的高程精度与基高成正比；③飞思公司的专业航空相机较普通民用单反相机测图精度有显著提高，民用的高端 IQ180 也具有很好的性能，对提高生产效率和精度有很大效用[23]。

3.1.4　无人机航摄相机改进及配置的关键

通过对专业航空相机 IXA180 的详细分析和与 IXU150 的比较，以及以上几种相机的作业效率、测图精度的比较，可以看出专业航空相机与普通民用单反相机有较大差别。无人机航摄相机改进及配置的关键在于提高光学结构的稳定性、电子结构的可扩展性，并通过部件和功能的集成，通过提高测量精度和作业效率并降低风险来达到合理的性价比。

（1）光学结构的稳定性

由于镜头畸变检定的算法目前已非常成熟，检校精度也比较高，镜头的光学性能变化也非常小。相机检定参数的变化主要是由于无人机作业过程中的抖动、碰撞等原因，造成相机部件间的长时间磨损和隙动，进而造成光学结构的变化，使用检校参数失效。无人机作业主要是垂直方向的拍摄，因此，镜头与机身的垂直度和稳定性就决定了畸变参数的稳定性。飞思公司 IQ180—IXA180—IXU150 的研发和演变过程，实质上一个机身结构简化和加固的过程，通过高精度的工艺使得镜头与相机机身保持严格的垂直度。另外减少镜头内部的隙动也是措施之一。

（2）电子结构的可扩展性

由于无人机作为飞行平台的特殊性，通过传感器改进提高测量精度和作业效率的另一途径就是通过加装轻型的辅助空三等设备来实现，因此，相机电子结构的可扩展性至关

图 3-1　从 IXA180"镜头加固环"到 IXU150"一体化的镜头固定装置"

重要。以飞思 IXA180 为例,通过电子电路的处理,准确地固定曝光延迟时间,并通过电路将曝光中值信号传输到接口,这为与 GPS/IMU 等设备的连接提供了可能,而 IXU150 的优化更加简洁,直接提供与 GPS/IMU 连接的标准接口。

总结以上的思路,对于普通的单反相机改进应用到无人机航测系统上,结合当前各种主流大幅面单反相机的特性,可以通过相机的闪光灯接口,利用 TTL(Through The Lens)电平信号,获取相机快门开启的脉冲,通过固定快门速度并用事后处理模型计算出固定延迟,实现与 GPS/IMU 等辅助设备的同步。本节介绍的 D800、A7R、IQ180 都带有 TTL 接口,这为无人机低空航测系统的改进提供了新的思路。

(3)性价比

直接使用专业公司研发的专业航空相机,比如 IXA180、IXU150 等产品,对于国内无人机飞行经验好、飞行平台稳定性佳的单位,可以是一个不错的选择。但是,对于大部分单位来说,这类专业相机再加配辅助设备,一是受限于飞行平台有效荷载,该类相机的效能不能完全发挥,同时也受制于购买的成本,无人机航测的风险往往大于使用这些专业相机及辅助设备带来的效益。从性价比方面考虑,必须是成本适中,精度和作业效率都有大改善的解决方案,这就要求改进集成民用相机,比如集成索尼的 A7R 等轻型大幅面相机与差分 GPS 等辅助空三设备,才能解决"用得起"的难题。这将是本节后续深入探讨的问题。

3.2　UAV 机载超轻型 POS 辅助空三技术

GPS 辅助空三的核心作用是尽可能减少像片控制点甚至免除艰苦的野外像控测量工作,同时也可以提高影像匹配和自由网解算的效率。差分 GPS 辅助空三技术以及 GPS/IMU 辅助空三技术在有人机上已得到较为成熟的应用,但在轻型无人机平台上仍然是少有应用或几乎空白,因此,有必要开展此项试验研究[1]。

3.2.1 概述

空中三角测量是航空摄影测量中利用像片内在的几何特性,在室内进行控制点加密的方法。即利用连续拍摄的具有一定重叠的航摄像片,依据少量野外实测控制点成果,按摄影测量方法建立与实地相对应的航线模型或区域网模型(光学的或数字的),从而获取加密点的平面坐标和高程。空中三角测量分为利用光学机械实现的模拟法和利用电子计算机实现的解析法两类[1]。

解析空中三角测量(简称空三),是指利用计算的方法,根据航摄像片上所量测的像点坐标和少量的地面控制点,确定测区内所有影像的外方位元素和待定点的物方空间坐标,也称摄影测量电算加密。

GPS辅助空三是指利用安装在航摄飞机上与航摄仪相连的GPS接收机,连续观测获取航空摄影瞬间航摄仪快门开户脉冲,经过差分GPS动态定位数据的后处理获取航摄仪曝光时刻摄站的三维坐标,然后将其视为带权观测值纳入摄影测量区域网平差中,采用统一的数学模型来整体确定地面目标点位和像片方位元素,并对其质量进行评定的理论、技术和方法。

GPS不仅可以测定传感器的位置,还可以测定传感器的姿态,此外还可以与惯性导航系统(INS)一起来测定传感器的所有外方位元素,INS也有助于解决GPS数据的周跳和卫星失锁,同时测定传感器的三个姿态角度,而GPS也可以连续控制和修正INS的误差累计。

GPS辅助空三需要进行三项准备工作:一是对飞行平台进行改造,将机载GPS天线安置在与航摄仪中心有精确位置换算关系的部位,且不影响飞行平台的气动布局和GPS卫星信号的接收。机载GPS天线安置完毕后,要进行GPS天线相位中心偏心分量的精确测定。二是地面需要架设静态观测的参考站,最好是架设在已知点上,且与飞机飞行距离不超过 20 km 为宜。三是机载GPS与航摄仪需要进行紧密的电子连接,并确保GPS差分信号时间与航摄仪的曝光中值信号同步。

3.2.2 基于 UAV 的 GPS 辅助空三技术

3.2.2.1 GPS 辅助空三原理

(1)基本原理

航空摄影测量是根据摄影几何反转原理,对室内重建的几何立体模型进行测量、计算和信息表示。航空摄影曝光的瞬间,航摄仪与地面之间均存在着固定的几何关系,其中确定航摄仪投影中心与像片位置关系的参数称为像片的内方位元素,以用于恢复航摄仪在曝光时刻的摄影光线束,描述摄影光束空间位置的参数称为像片的外方位元素。利用内外方位元素即可建立起航摄像片上的像点与其对应的物点坐标间的几何关系,即中心投影的共线条件方程:

$$x - x_0 + \Delta x = -f \frac{a_1(X - X_S) + b_1(Y - Y_S) + c_1(Z - Z_S)}{a_3(X - X_S) + b_3(Y - Y_S) + c_3(Z - Z_S)}$$

$$y - y_0 + \Delta y = -f \frac{a_2(X - X_S) + b_2(Y - Y_S) + c_2(Z - Z_S)}{a_3(X - X_S) + b_3(Y - Y_S) + c_3(Z - Z_S)}$$

(3.1)

由于式中 x_0, y_0, f 为航摄仪的内方位元素,已由厂商或外部场精确检定,通常将其看作已知值。由于内方位元素 x_0, y_0, f 和外方位元素 $\varphi, \omega, \kappa, X_S, Y_S, Z_S$ 之间存在着相互抵偿的关系,由共线方程根据最小二乘原理所构成的法方程未知数强相关,从而导致法方程处于不良状态,引起未知数解的不稳定,为避免这种情况发生,摄影区域中的地面控制点间必须要有足够大的高差。然而这一条件在实际作业中很难满足,于是将内方位元素和外方位元素分开求解。通过 GPS 辅助空三,将差分 GPS 坐标引入空三过程中,它是像片外方位元素中三个线元素 X_S, Y_S, Z_S 的最好近似值,将其视为带权观测值代入共线方程,可以极大地克服内、外方位元素的强相关,保证法方程有稳定的解,从而求解航摄仪的内方位元素和像片外方位元素。

(2) 公式及算法

1) GPS 摄影坐标的获取

其状态方程和观测如下:

$$X_k = \Phi_{k,k-1} X_{k-1} + B_k b + \Gamma_{k-1} W_{k-1}$$

$$Y_k = H_k X_k + D_k d + V_k$$

(3.2)

采用后差分 GPS 技术,依照 Kalman 滤波递推算法,求出每一个观测历元机载 GPS 天线的空间坐标。

利用插值方法,由相邻两个历元的机载 GPS 天线位置内插航摄仪曝光时刻 GPS 摄站坐标。

2) GPS 摄站坐标误差方程

顾及动态 GPS 定位之系统误差

$$\begin{bmatrix} X_A \\ Y_A \\ Z_A \end{bmatrix} = \begin{bmatrix} X_S \\ Y_S \\ Z_S \end{bmatrix} + R \cdot \begin{bmatrix} u \\ v \\ w \end{bmatrix} + \begin{bmatrix} a_X \\ a_Y \\ a_Z \end{bmatrix} + (t - t_0) \cdot \begin{bmatrix} b_X \\ b_Y \\ b_Z \end{bmatrix}$$

(3.3)

线性化之误差方程

$$
\begin{bmatrix} \Delta X_S \\ \Delta Y_S \\ \Delta Z_S \end{bmatrix} + R \cdot \begin{bmatrix} \Delta u \\ \Delta v \\ \Delta w \end{bmatrix} + \begin{bmatrix} \Delta a_X \\ \Delta a_Y \\ \Delta a_Z \end{bmatrix} + (t - t_0) \cdot \begin{bmatrix} \Delta b_X \\ \Delta b_Y \\ \Delta b_Z \end{bmatrix} - \begin{bmatrix} X_A \\ Y_A \\ Z_A \end{bmatrix}_{算} + \begin{bmatrix} X_A \\ Y_A \\ Z_A \end{bmatrix}_{测}
\tag{3.4}
$$

3) GPS 辅助光束法误差方程

GPS 辅助光束法区域网平差的数学模型,是在自检校光束法区域网平差基础上,顾及 GPS 摄站坐标与航摄仪投影中心坐标间的几何关系,并考虑各种系统误差的改正模型后所获得的一个基础误差方程,可写成:

$$
\begin{aligned}
V_X &= At + Bx + Cc & & - l_X & & \text{权 } E \\
V_C &= \quad\quad E_x x & & - l_C & & \text{权 } P_C \\
V_S &= \quad\quad\quad\quad E_c c & & - l_S & & \text{权 } P_S \\
V_G &= \bar{A}t \quad\quad + Rr + Dd & & - l_G & & \text{权 } P_G
\end{aligned}
\tag{3.5}
$$

式中,V_X、V_C、V_S、V_G 分别为像点坐标、地面控制点坐标、虚拟自检校参数和 GPS 摄站坐标观测值改正数向量,其中 V_G 方程就是将 GPS 摄站坐标引入摄影测量区域网平差后新增的误差方程式。

4) GPS 辅助光束法法方程式

$$
\begin{bmatrix}
B^T B + P_c & B^T A & B^T C & \cdot & \cdot \\
A^T B & A^T A + \bar{A}^T P_g A & A^T C & A^T P_g R & A^T P_g D \\
C^T B & C^T A & C^T C + P_g & \cdot & \cdot \\
\cdot & R^T P_g \bar{A} & \cdot & R^T P_g R & R^T P_g D \\
\cdot & D^T P_g \bar{A} & \cdot & D^T P_g R & D^T P_g D
\end{bmatrix}
\begin{bmatrix} x \\ t \\ c \\ r \\ d \end{bmatrix}
=
\begin{bmatrix}
B^T l_x + P_c l_x \\
A^T l_x + \bar{A}^T P_g l_g \\
C^T l_x + P_s l_s \\
R^T P_g l_g \\
D^T P_g l_g
\end{bmatrix}
\tag{3.6}
$$

(3) GPS 辅助光束法区域网平差的特点

1) 误差方程是在自检校光束法区域网平差基础上,顾及投影中心与机载 GPS 天线相位中心几何关系所得到的一个基础方程。

2) 法方程仍为镶边带状矩阵,但边宽加大了,而其良好稀疏带状结构并没有被破坏,因此可用传统的边法化边消元的循环分块解法求解。

3) 测区两端必须要布设足够的地面控制点或采用特殊的像片覆盖图。

4) 与常规光束法比较法方程边宽加大了,但其良好稀疏带状结构并没有被破坏。

（4）GPS 辅助空三作业流程

1）航空摄影系统改造及偏心测定。

2）带 GPS 接收机的航空摄影。

3）解求 GPS 摄站坐标。

4）GPS 摄站坐标与摄影测量数据联合平差，以确定目标点位并评定其质量。

3.2.2.2　AG-200 航空 GNSS 辅助空三的应用试验

（1）AG-200 介绍

AG-200 系列是武汉际上空间科技有限公司针对航空应用专门设计的一款低功耗、高性能 GNSS 接收机，也是国内第一款针对无人机机载后差分辅助空三而设计的产品。AG-200 系列基于稳定可靠的 Linux 系统，内置高性能的嵌入式微处理器，可以实现高达 20 Hz 的数据采样率。它配备多个并行接收通道，可以最大限度地跟踪和观测所有可见 GNSS 卫星信号，包括中国北斗信号、美国 GPS 信号、俄罗斯 GLONASS 信号，以及美国 WAAS 等 SBAS(Satellite-Based Augmentation System)信号。

名称	数量	图片
AG-200航空接收机	1	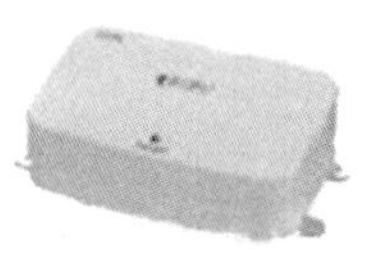
快门及电源连接线	1	
GNSS航空天线	1	
USB数据线	1	
GNSS天线连接线	1	

GNSS技术参数	
跟踪通道（NovAtel）双频板卡	通道数12个；-GPS：L1 C/A码、L2 C、L1/L2；-GLONASS：L1 C/A和IP码、L2 P码、L1/L2；-SBAS：WAAS、EGNOS、MSAS、L-Band
定位精度（NovAtel）双频板卡	厘米级定位精度
处理器和内存配置	
处理器	180MHz ARM9工业级处理器
内部RAM容量	2×64M Byte SDRAM
内部Flash容量	4M Byte Date Flash；1G Byte NAND Flash
SD卡存储	标配2G Micro SD卡，最大可支持32G Micro SD卡
功耗	2.2W
更新速率	默认更新速率：5Hz,最大更新速率：20Hz
储存格式	RINEX、BINEX
硬件接口配置	
指示灯	LED指示灯2个，功能相同，均指示GNSS信号和电源状态
PW/EVENT/PPS/RS232	Lemo9芯接口1个，用于电源输入、数据输入/输出及与计算机通信
天线接口	外置天线接口1个
Mini USB接口	Mini USB接口1个
Micro SD卡插槽	Micro SD卡插槽1个
物理参数	
长×宽×高	105mm×70mm×30mm
重量	160g (不含天线)
工作环境	
工作温度	−20℃～60℃
存储温度	−40℃～70℃

图 3-2　AG-200 后差分系统硬件组件及参数

功能特性：

1）自主 GNSS 核心算法 DUFCOM，确保单历元解算出可靠、高精度的定位结果。

2）不含天线 160 g，含天线及电池约 500 g，适合无人机搭载。

3）支持主流 GNSS 信号接收：北斗，GPS，GLONASS，SBAS。

4）极佳的兼容性：支持输出 RTCM3.0、RINEX 和 BINEX 格式等。

（2）AG-200 的安装调试

本次试验采用多种试验方案：

1）将 AG-200 的 EVENT 输入端通过控制线与 PHASE ONE IXA180 的曝光中值输出端连接，在机载设备连续按 20 Hz 进行观测记录的同时，记录相机曝光信号。

2）将 AG-200 的 EVENT 输入端与飞控线相连，获取飞控发出的相机打开快门指令，以此等间隔推算相机快门曝光中值时间，连接的相机仍为 PHASE ONE IXA180。

3）通过控制线和尼康 D800 的闪光口接口（TTL）相连，获取闪光灯的开启脉冲（与相机曝光延迟间隔视为固定）。

4）通过控制线和飞控直接相连，获取飞控发出的相机打开快门指令，以此等间隔推算相机快门曝光中值时间，连接的相机仍为尼康 D800。

5）通过控制线和索尼 A7R 的闪光口接口（TTL）相连，获取闪光灯的开启脉冲（与相机曝光延迟间隔视为固定）。

上述 5 个方案的试验地仍为 3.1 节试验的 5 km×5 km 区域，已有 1∶500 地形图作为检核，飞行的镜头都为 35 mm，分辨率都设计为 10 cm，飞行条件基本相同，没有明显的大风等特殊天气。

安装过程如下：

1）用螺钉安装固定 GNSS 航空天线与 AG-200。GNSS 航空天线安装在无明显遮挡物的位置，一般选在相机位置附近，便于量测相机中心与天线的相对关系，以便在后处理软件中将天线相位中心改正到相机的中心位置。

2）用 GNSS 天线连接线将 AG-200 和 GNSS 航空天线连接起来。

3）将事件触发类工具（相机或飞控）的输出端，连接到 AG-200 的 EVENT 输入端（三叉线的绿色引线），并将事件触发类工具（相机或飞控）的地线与 AG-200 的 GND 端（三叉线的黑色或红色引线）连接起来。

4）接通电源后，PW/GNSS 指示灯会亮橙色，等到 PW/GNSS 指示灯出现红色和橙色交替变化的时候，表示 AG-200 已经成功锁定 GNSS 信号并正在存储数据。AG-200 锁定 GNSS 信号后，如果事件触发，AG-200 将记录事件的触发时间和地点。

5) 完成记录工作后,读取数据进行内业计算。

■ 绿色线:EVENT输入端
■ 白色线:PPS输出端
■ 黑色线:GND
■ 红色线:GND

图 3-3　AG-200 EVENT 接口

本次试验的参考站架设在地面国家控制点上,与飞行区域的距离最大不超过 20 km,接收机采用与 AG-200 配套的静态接收机。

(3) Caravel PP 软件数据解算

Caravel PP 是武汉际上空间科技有限公司自主开发的高精度 GPS/GLONASS/北斗/Galileo 高精度定位测速后处理软件。该系统可以处理 GPS 单频、双频、GLONASS 和将来 Galileo 系统的测量数据,提供运动点(或载体)厘米级的空间位置信息和毫米/秒级的速度信息。Caravel PP 采用了国际领先的单历元模糊度解算算法,具有各种应用环境的自适应能力,可提供单点 PPP、精密后差分动态定位等多种解算方式,在多个方面超越了国际同类软件。

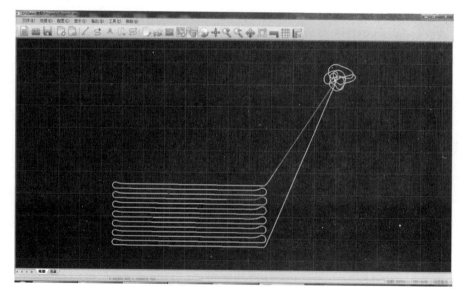

图 3-4　Caravel PP 解算结果

CaravelPP 解算流程主要为:①参考站与流动站数据整理(天线高等录入);②动态后差分解算;③快门延迟的修正;④线性内插;⑤成果输出。

(4) 差分 GPS 辅助无人机空三试验

本次试验 5 种方案,其中对方案 1)和方案 2)的飞行结果采用四角布点法的 GPS 辅助空三的结果比较,验证 IXA180 相机两种获取快门脉冲方式造成的快门延迟程度对精度的影响,再与无地面控制点方式的空三结果、已有 1∶500 地形图进行精度比较;对其中方案 3)和方案 4)的飞行结果采用四角布点法的 GPS 辅助空三方法,比较 TTL 快门脉冲与飞控获取脉冲造成的快门延迟是否稳定,对后差分精度的影响,再与无地面控制点方式的空三结果、已有 1∶500 地形图进行精度比较;对方案 5)的四角布点法辅助空三结果与无地面控制空三结果、已有 1∶500 地形图进行精度比较[24]。数据处理的软件为 INPHO。结果如表 3.4 所示:

表 3.4　不同相机两种脉冲同步方式的辅助空三精度分析

序号	传感器	快门脉冲	控制点方案	中误差(μm)	抽检点数		检测精度中误差(m)		检测点最大误差(m)	
					平面	高程	平面	高程	平面	高程
1	IXA180	输出	4+辅助空三	10.3	40	36	0.56	0.76	2.51	3.16
2	IXA180	飞控	4+辅助空三	14.1	40	36	0.72	0.98	2.89	3.43
1-1	IXA180	输出	0+辅助空三	20.6	40	36	1.21	1.53	2.88	3.87
3	D800	TTL	4+辅助空三	13.5	45	44	0.76	0.97	2.54	3.20
4	D800	飞控	4+辅助空三	23.9	45	44	1.38	1.63	2.78	3.46
3-1	D800	TTL	0+辅助空三	25.9	45	44	1.52	1.45	2.89	3.76
5	A7R	TTL	4+辅助空三	10.4	45	44	1.15	1.50	3.11	3.30
5-1	A7R	TTL	0+辅助空三	15.3	45	44	1.66	1.90	3.49	3.92

(5) 试验结果分析

从表 3.4 可以看出:

1) 此试验的无人机 GPS 辅助空三方法对空三精度有较大的提高,但目前还不能直接替代全野外布点的方案,后续将分析其原因。

2) IXA180 由于其快门专门进行了优化,获取飞控指令与获取曝光中值信号剔除固定延迟后的同步精度很好,解算结果差别不大,但是 D800 这类非专业航空相机的快门延迟显然每一次曝光都不一样,造成不接 TTL 信号,获取飞控脉冲信号与 GPS 差分信号同步精度较差。

3) GPS 后差分得到的摄站坐标精度不均匀,造成检测点误差最大值偏离统计中误差较多。

针对上述三个现象,其实与 GPS 辅助空三的思路的正确性无关,而是由无人机航测的特点造成的。为找出具体原因,下面将从三个方面进行剖析:

① 摄站坐标计算精度分析

为了检核摄站坐标计算的正确性,以 1∶500 地形图为基准,根据各飞行单片的像片主点位置,反算摄影瞬间的摄站坐标。以 PHASE ONE IXA180 为例,得到如图 3-5 所示的曝光点轨迹投影,从而也反映了无人机的飞行轨迹。

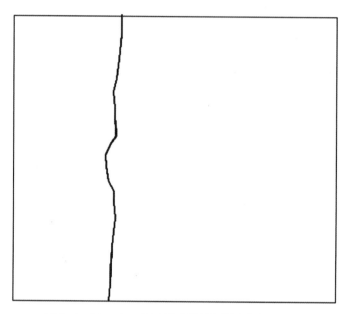

图 3-5　用 1∶500 地形图反算的摄影坐标轨迹连线

由于无人机的飞行速度受风的影响较大,航向保持较难,用线性内插的方法求取摄站坐标会存在较大误差。

② 造成内插精度不理想的原因

AG-200 的采样频率为 1～20 Hz,即 1 s 采 1～20 次,无人机的飞行速度平均约为 110 km/h,即约 30 m/s,即使按照 20 Hz 的频率,两次内插间隔为 1.5 m,受风力等不确定因素的影响,飞机不是匀速远去,理论上内插的最大误差可能达到 ±1.5 m。这也是造成表 3.4 中部分检查点的偏差较大的原因。

③快门同步精度直接影响辅助空三的精度

通过飞控发送指令的方式,尼康 D800 的快门延迟可以通过物理的方法直接测量,每一次的延迟都不等,且相互的差值在几十毫秒级,根据飞机 30 m/s 的飞行速度,影响达到米级,与 GPS 差分得出的摄影坐标同步精度误差较大,直接影响了辅助空三的精度。

通过 AG-200 的 GPS 辅助空三试验,可以得出:以目前的 GPS 接收机的更新频率,无人机的 GPS 辅助空三通过线性内插的方式得不到好的解算结果,需要一种更高的内插精度才能满足无人机的特性,同时,快门的同步精度也是无人机辅助空三必须解决的问题,TTL 是一个不错的选择。本书将在无人机机载 POS 系统设计中对此问题做深入的探讨。

3.2.3　基于 UAV 的 POS 辅助空三技术

3.2.3.1　POS 技术原理

POS 是定位定向系统的简称(Position and Orientation System,POS)。3.2.2 节利用 GPS 辅助空中三角测量解决了像片的定位问题,但是无法获取像片的姿态参数,因而还不能彻底摆脱地面控制。随着航空摄影测量技术和惯性导航技术的发展,一种新的方法开始应用于航空摄影测量——POS 辅助航空摄影。机载 POS 系统集成 GPS 技术与惯性导航技术于一体,使准确地获取航摄相机曝光时刻的外方位元素(GPS 测量得到位置参数,惯性导航系统得到姿态参数)成为可能,从而实现了无(或少量)地面控制点,甚至无须空中三角测量加密工序即可直接定向测图,从而大大缩短航空摄影作业周期,提高生产效率,降低成本。因此,POS 系统的出现,将从根本上改变传统航空摄影的方法,进而引起航空摄影理论与技术的重大飞跃。随着计算机技术的发展以及惯性导航、GPS 器件精度水平的提高,POS 无论定位定向精度还是实时数据处理能力都会有质的提高,将会在航空摄影测绘方面发挥越来越重要的作用。

POS 作为航空摄影测量中机载基准传感器,主要由惯性测量单元(Inertial Measurement Unit,IMU)、卫星导航系统(Global Position System,GPS)和 POS 系统计算机(POS Computer System,PCS)组成。POS 系统利用 IMU 和差分 GPS 两个独立系统组合导航的数据信息,经过 POS 计算机导航解算,获取载体的位置、姿态、速度等导航信息,实现摄影成像的运动参数补偿,广泛应用于航空摄影测量中数字摄影相机测量和机载合成孔径雷达(SAR)运动补偿等领域。目前,POS 系统辅助航空摄影测量技术已成为测绘学界的重点研究方向,但在无人机低空航测系统中还少有应用。

3.2.3.2　POS 辅助空三原理

（1）数学模型

POS 系统直接测定像片外方位元素 X_s, Y_s, Z_s,φ,ω,κ,在 POS 精度足够高的情况下,可以直接采用空间前方交会解算地面点坐标。

单模型点投影系数法:

$$\begin{bmatrix} X \\ Y \\ Z \end{bmatrix} = \begin{bmatrix} X_{S_1} \\ Y_{S_1} \\ Z_{S_1} \end{bmatrix} + \begin{bmatrix} N_1 X_1 \\ (N_1 Y_1 + N_2 Y_2 + B_Y)/2 \\ N_1 Z_1 \end{bmatrix} \leftarrow \begin{aligned} B_X &= X_{S_2} - X_{S_1} \\ B_Y &= Y_{S_2} - Y_{S_1} \\ B_Z &= Z_{S_2} - Z_{S_1} \\ N_1 &= \frac{B_X Z_2 - B_Z X_2}{X_1 Z_2 - X_2 Z_1} \\ N_2 &= \frac{B_X Z_1 - B_Z X_1}{X_1 Z_2 - X_2 Z_1} \end{aligned} \tag{3.7}$$

多片最小二乘平差法:

$$\begin{bmatrix} v_x \\ v_y \end{bmatrix} = \begin{bmatrix} -a_{11} & -a_{12} & -a_{13} \\ -a_{21} & -a_{22} & -a_{23} \end{bmatrix} \begin{bmatrix} \Delta X \\ \Delta Y \\ \Delta Z \end{bmatrix} - \begin{bmatrix} x - x^0 \\ y - y^0 \end{bmatrix} \tag{3.8}$$

(2) 观测值系统误差模型

目前空中三角测量广泛采用的是光束法。对于 POS 辅助光束法区域网平差,像点坐标、GPS 测定的摄站坐标和 INS 测定的航摄仪姿态角这 3 种数据被作为原始观测值。由于底片变形、镜头畸变等因素的影响,像点坐标观测值存在着系统误差,一般采用带 3 个附加参数的 Bauer 模型对其进行补偿:

$$\begin{cases} \Delta x = s_1 x (x^2 + y^2 - 100) - s_3 x \\ \Delta y = s_1 y (x^2 + y^2 - 100) + s_2 x + s_3 y \end{cases} \tag{3.9}$$

其中,s_1、s_2、s_3 为三个附加参数。目前已有研究成果表明,当一条航线连续飞行的时间不超过 15 min 时,GPS 动态定位会产生和飞行时间成线性关系的系统误差:

$$\begin{cases} \Delta X_A = a_X + (t - t_0) b_X \\ \Delta Y_A = a_Y + (t - t_0) b_Y \\ \Delta Z_A = a_Z + (t - t_0) b_Z \end{cases} \tag{3.10}$$

其中 a_X、a_Y、a_Z 是参考时刻的 GPS 定位结果,b_X、b_Y、b_Z 为比例因子。INS 姿态测量也是随航摄飞行时间线性变化的。仿照上式,可采用下式对 INS 姿态角系统误差进行改正:

$$\begin{cases} \Delta \varphi' = a_\varphi + (t - t_0) b_\varphi \\ \Delta \omega' = a_\omega + (t - t_0) b_\omega \\ \Delta \kappa' = a_\kappa + (t - t_0) b_\kappa \end{cases} \tag{3.11}$$

（3）区域网平差的误差方程

在 POS 辅助空中三角测量的联合平差过程中,将像点坐标、GPS 摄站坐标和 INS 姿态角作为观测值,将物点地面坐标、影像外方位元素和各种系统误差改正参数作为待定参数。由于航摄仪内方位元素在出厂时已经过检定,因此在未知数近似值邻域范围内对 POS 系统各个观测方程按照泰勒级数展开到一次项即可得如下的误差方程:

$$\begin{cases} V_X = Bx + A_X t + Ss - L_X, \text{权阵 } E \\ V_G = A_G t + Rr + D_G d_G - L_G, \text{权阵 } P_G \\ V_I = A_I t + Mm + D_I d_I - L_I, \text{权阵 } P_I \end{cases} \tag{3.12}$$

当用 POS 系统测定了区域网内的 m 张影像的 6 个定向参数并量测 n 个像点后,则可列出 $6m+2n$ 个形如上式的方程,这 $6m+2n$ 个方程即构成了 POS 辅助光束法区域网平差的基础误差方程。再利用像点坐标、POS 提供的摄站坐标及姿态角的测量精度,分别给予这三者观测值不同的权重,就可按最小二乘法求解物点的地面三维坐标和像片外方位元素的最或是值。

3.2.3.3　无人机机载 POS 的特殊要求

无人机机载 POS 的要求:

1）体积小,质量轻,才能满足无人机的荷载要求。

2）从风险控制的角度,机载 POS 的价格要低。

3）由于无人机飞行相对高度低,对 IMU 的测角精度可以降低些,能满足相应等级的测图精度要求即可。

4）一体化程度要高,才能确保 GPS/IMU/传感器的精确同步。

5）数据处理为事后差分。

因此,采用差分 GPS 和轻型的低成本 IMU,整合大幅面的轻型民用相机,是当前硬件条件下相对较好的解决方案。

3.2.3.4　"AP15＋A7R"超轻型 POS 组合方案

（1）AP15 介绍

AP15 是 Trimble 公司推出的 AP 系列 OEM GNSS 惯性导航产品的最新产品。它使用了定制的基于惯性测量单元（IMU, Inertial Measurement Unit）的微机电设备（Micro Electro Mechanical System, 简称 MEMS）,也是 Trimble 公司第一款使用了加拿大 Applanix 公司的 Applanix SmartCal 专利校准过程软件的产品。

图 3-6　Trimble AP15 惯性导航产品

GNSS 也由 Trimble 公司提供,采用双天线 440 通道双频测量级 GNSS 接收机,支持大部分的导航卫星信号(GPS L1/L2/L2C/L5 和 GLONASS L1/L2)和 SBAS 差分(美国 WAAS,欧洲 EGNOS,日本 MSAS 以及澳大利亚 OmniStar VBS)。

AP15 将高精度 GNSS 定位技术和 Applanix IN-Fusion GNSS/惯性测量集成技术,整合到一块功能强大的专业惯性引擎板卡上。AP 系列产品通过将 Applanix POS 系统的性能和功能集成一起,专门针对第三方生产厂商和系统集成商而设计。

(2)"AP15＋A7R"集成方案

根据上节 AG-200 的 GPS 辅助空三试验结果发现,由于直接采用 20 Hz 的 GPS 后差分结果做内插,受无人机飞行航向保持和速度突变的影响,精度不理想,达不到预期精度要求,存在部分点的检测精度较差。随着 AP15 的出现,其 200 Hz 的 IMU 更新频率和较高的角度测量精度,使用 10 Hz 的内插间隔提高到 200 Hz 成为可能,摄站坐标的精度理论上可以提高 10 倍,并能获取 3 个外方位角度初始观测值,给无人机航测系统的测量精度和效益带来质的飞跃。

1)精度分析

AP15 的主要精度指标包括:

IMU 角度测量精度:Roll & Pitch 0.025°,True Heading 为 0.08°;

GNSS 后处理精度:优于 0.05 m;GNSS 自身更新频率为 5 Hz,IMU 的更新频率为 200 Hz。

AP15 通过 IMU 与 GNSS 的紧密相连,由 EVENT 端口接收事件记录脉冲时间,并通过 5 Hz GNSS 后差分观测记录为基准,重新校准 IMU,利用 IMU 的 200 Hz 观测记录,内插记录脉冲时间的位置和姿态,即 6 个外方位元素。按照 30 m/s 的无人机平均速度计算:

内插间隔＝30/200＝0.15 m,由于 IMU 测量的独立性,通过后处理软件 POSPac MMS,可以通过 GNSS 对 IMU 的累计误差进行重新校准,得到高精度的姿态角度数据,因此可以确保内插的摄影坐标精度可以优于 0.05 m。

按照 Roll & Pitch 0.025°,True Heading 0.08°的最大中误差,以 500 m 航高计算直接利用外方位元素角度对地面测量的 3D 误差 E:

$$E = \pm\sqrt{[(H \times \tan(roll)]^2 + [(H \times \tan(pitch)]^2 + [(H \times \tan(head)]^2}$$

(3-13)

由式(3-13)计算得到 H 为 500 m 时,地面 3D 误差为 +0.76 m,若以索尼 A7R 为传感器,搭配 35 mm 焦距镜头时,飞行高度约为 700 m,相应的地面 3D 误差为 ±1.0 m。

从式(3-13)可以看出 IMU 测量对辅助空三的影像取决于无人机的航向,当飞行高度达到 1 000 m 时,角度测量的地面 3D 误差达到 ±1.5 m。

由于三个角度元素与摄站的 X,Y,Z 三个外方位元素具有强相关性,将 GNSS 内插的优于 0.05 m 的摄站坐标引入空三过程,通过光束法区域网平差,能够大大提高辅助空三的精度。

2)质量分析及相机搭配

AP15 板卡质量为 380 g,IMU 单元为 680 g,二者结合质量约为 1.06 kg,由于 IMU 必须与相机姿态严格同步,所以还需要一个稳定的座架平台,将 AP15 板卡、IMU 单元、相机、电源等集成为一体化的单元,整体与无人机的机身紧密固定。因此,以目前大部分无人机 5 kg 左右的任务荷载来计算,选用质量越小的相机,可扩展性越好。

① 顾及作业效率,相机必须选择幅面大的,顾及无人机荷载和可扩展性,又必须选择质量尽量轻的,从 3.1.1 节的比较分析来看,PHASE IXA 或 IQ180 由于质量达到了 2.3 kg 左右,且自身体积大,配置的座架体积要求更大,且成本高,对于普通用户来说其推广使用存在困难。

② 尼康 D800 的质量和体积都是索尼 A7R 的 2 倍。从画幅上来看,二者完全一致,且都具有 TTL 接口,从 3.1 节的测图精度比较来看,二者相当,购买价格也相当。因此,选择索尼 A7R 作为集成相机具有更高的性价比。

综合比较,"A7R + AP15"为目前硬件条件下的最优组合,由于 A7R 单机质量为 600 g 左右,还可以采用林宗坚教授用双佳能 5D Mark Ⅱ 研制的双拼相机的思路,集成 2 个 A7R,通过后处理拼接,实现增大像幅、提高基线长度以提高基高比进而提高高程测量精度的目的。

3)快门曝光脉冲与 GPS/IMU 同步

快门曝光中值信号与 AP15 的 GPS 单元、IMU 单位必须严格同步,因此,在电子电路上也有整合为一体的要求。通过改装获取 A7R 的 TTL(闪光灯接口)脉冲,与 AP15 的 EVENT 端口高效连接,才能确保严格的同步性,获得高精度的摄影坐标及姿态角度。

如图 3-7 所示,采用超轻型材料为基座座架,将 AP15 与 A7R 固化连接的一体化 POS 相机方案——UMC15,单相机总质量不超过 3.5 kg,双相机总质量不超过 5.0 kg,完全满足大部分固定翼无人机的荷载能力。

图 3-7　基于 AP15 超轻型 POS 的一体化相机集成设计方案——UMC15

3.2.3.5　试验结果分析

将 UMC15 单相机锥形方案在本章 3.1 节的同一试验区域进行验证,在 5 km×5 km 区域用 35 mm 镜头按照 10 cm 分辨率飞行,采用地面控制点架设基站的方式,共获得 433 张像片。采用 Applanix 的后处理软件 POSPac MMS 进行数据后处理解算,获得每一个曝光点的三维坐标和姿态角度数据。采用 INPHO 摄影测量数据处理系统,在数据处理时引入摄影坐标和姿态共 6 个外方位元素。

表 3.5　基于 UMC15 与基于 AG-200 的辅助空三精度分析

序号	传感器	快门脉冲	控制点方案	中误差(μm)	抽检点数		检测精度中误差(m)		检测点最大误差(m)	
					平面	高程	平面	高程	平面	高程
1	UMC15	TTL	4+辅助空三	3.5	42	36	0.28	0.39	0.56	0.81
2	UMC15	TTL	0+辅助空三	8.3	42	36	0.47	0.66	1.13	1.32
3	A7R+AG-200	TTL	4+辅助空三	10.4	45	44	1.15	1.50	3.11	3.30

由表 3.5 可以看出,采用了基于 AP15 的超轻型 POS 及相机一体化集成系统 UMC15,通过 200 Hz 的 IMU 观测值与 5 Hz 的 GNSS 观测值组合后处理计算,有效地解决了 AG-200 辅助差分方案中摄站坐标内插间隔较大、内插精度不高的问题,辅助空三或无控空三的效果显著提高。同时,加入姿态角度和高精度摄站坐标的航摄数据匹配效率大大提高,连接点强度和密度也明显增强,统计结果见表 3.6。

表 3.6　不同相机飞行成果测量效率分析

序号	传感器	像片数	像控点数	匹配计算时间(h)
1	UMC15	433	4	3.5
2	A7R＋AG-200	432	4	4.7
3	A7R	432	49	5.3

3.2.4　POS 系统误差分析与减弱措施

机载 POS 系统不论从系统器件、集成安装等环节都会存在误差,作为实现无人机免像控航摄系统的关键系统,有必要对其进行分析并确定各种因素引起的误差,以减弱或者消除各种误差对 POS 系统性能的影响,从而提高最终的成图精度。

3.2.4.1　惯性导航系统误差

(1) 惯性测量单元仪表误差

惯性测量单元仪表误差主要是指陀螺仪和加速度计的误差,可以分为静态误差和动态误差。其中,由 POS 系统的载体对于仪表器件所引起的动态误差是惯性导航系统产生误差的主要原因,需要建立合适的数学模型来减少其影响。对于静态误差需附加常值补偿加以改正。

(2) 运动干扰误差

飞行过程中,器件的冲击和振动造成的误差属于运动干扰误差,运动干扰误差也是影响 POS 系统导航解算数据结果的主要因素之一。采用安装减振球和电动无人机的方式,可以有效减少运动干扰误差对于解算结果的影响。

(3) 计算误差

数字量化误差、计算过程中的舍入误差、参数设置误差都属于计算误差。计算误差属于由工作人员引起的误差。计算误差会影响 POS 数据解算结果,可通过反复核算检验减少计算误差的出现。

(4) 初始对准误差

初始对准误差是指在进行导航解算之前的初始对准操作时,输入的初始位置和初始速度可能与实际位置与速度存在一定的差值。初始对准误差会使得后续 POS 导航解算所依据的数学基准出现偏差,影响连续的解算精度,必须削弱此类误差的影响。

3.2.4.2　卫星导航系统误差

(1) 卫星轨道误差

卫星轨道误差是指卫星星历提供的卫星位置与实时位置之间的差值,又被称作卫星星历误差。由于卫星受摄运动、对卫星测量等因素的影响,都会产生卫星轨道误差,且这种误差很难消除。

(2) 卫星时钟误差与接收机设备误差

卫星时钟误差属于 GPS 系统的接收机误差类型,GPS 系统通过测量卫星信号的传播时间来测算距离。时钟误差会对测距精度产生较大影响,接收机时钟与卫星时钟误差相隔 1 s,就会产生上百米的测距误差。接收机设备误差主要来源于卫星时钟,为了满足 POS 系统的高精度测距要求,可外接氢、铷原子钟计时,而原子钟存在的漂移可通过卫星导航电文的钟差进行改正。

(3) 多路径效应误差

多路径效应误差属于 GPS 卫星信号传播过程中的误差,它是因电磁信号在抵达接收机的过程中经过不同路径,如山地、建筑物等各种反射体而产生的误差。这种误差会造成较大的测距误差,所以 GPS 接收机需要远离高大建筑物,在空旷地带进行操作。

(4) 电离层、对流层折射误差

在卫星发射电波到达 GPS 接收机的过程中,必须穿过电离层、对流层,而电磁波在穿过不同介质时会发生折射现象,从而产生延时误差。可以通过建立对流层、电离层模型来对该类误差加以改正。

3.2.4.3 时间同步误差

航空摄影获取影像数据的过程中,航摄相机曝光时刻与 POS 系统输出时刻不同步,便会产生不同信息源时间同步误差。但无人机平台在短时间的航摄过程中,速度变化不大,假设航摄飞机的飞行速度为 100 m/s、输出频率为 50 Hz,其引起的时间同步误差仅 0.2 cm,这一数量级的误差对 POS 解算结果的精度影响完全可以忽略。

3.2.4.4 提高测量成果精度的技术措施

通过以上对 POS 系统各个方面可能引起的误差原因分析,对 POS 系统的应用提出以下技术要求来提高成果精度:

(1) 惯性导航系统测角中误差的精度要求:输出频率≥50 Hz,俯仰角误差≤0.01°,侧滚角误差≤0.01°,航向角误差≤0.02°。

(2) 机载 GPS 接收机采用 PPK 模式,GPS 基站辐射范围不大于 100 km,采样时间间隔控制在 1 s 以内。

(3) 为了减小时间同步误差,需具有时间同步输入接口,将相机曝光时刻与 POS 输出信号源进行时间对准,无人机不能长时间地飞行工作。

（4）在航摄作业期间,电源系统应能满足整个过程的电力供应需求,以供导航计算机系统实时记录并存储 IMU、GPS 数据。

3.3 复杂环境下的 GPS/TS 组合定位技术

GPS 定位技术与 TS 定位技术是目前应用最广泛的两大测量技术。GPS 技术不需要点与点之间通视,且受距离的限制较小,因而在大范围的开阔地有很强的优势,已成为大范围测量工作特别是建立等级控制网的首选方法。尤其是 GPS 差分 RTK 技术与 PPP 技术,在快速获取空中无人机摄站位置、地面像片控制点坐标、地面高精度的测图控制点坐标等方面发挥重要作用。TS 技术以其机动灵活的定位特点而备受青睐,尤其是在建筑密集区或卫星信号盲区具有明显测量优势,但采用 TS 作业时,通常必须首先建立控制网。若测区附近无已知控制点,则需从较远的地区进行控制点联测,因而加大了工作量。现有的 GPS 与 TS 组合定位研究主要集中在浅组合的分阶段应用,若能真正将 GPS 技术和 TS 技术进行深度集成,则能优势互补适应于各种复杂测绘环境从而实现效率倍增。

本节将重点研究复杂环境下的 GPS/TS 组合定位技术,作为空地一体化快速成图中无人机航测受遮挡区域或新增建设区域的测绘补充。其中 GPS 技术仍然是组合定位获取测图控制点的核心所在,其实质是以 GPS RTK 实时高精度定位方式以及最新精密单点定位模式替代常规的 GPS 静态或快速静态定位方式。如此既可以在单基站模式下实现 RTK 定位,也可以在多基站模式下实现 RTK 定位,还可以采用 GPS 实时或事后精密单点定位方式获取控制点坐标,避免了常规 GPS 技术必须进行的多层次控制网布设工作。

3.3.1 单站差分模式下的 GPS RTK 快速定位

GPS 定位分为伪距定位法和载波相位定位法,其中载波相位观测值精度能达到毫米级而广泛应用于高精度测量领域。根据测量模式的不同,载波相位定位法又分为静态相对定位和动态差分定位。动态差分定位是指应用差分技术,在一个已知高精度坐标的点上安置 GPS 接收机并作为差分参考站,连续接收 GPS 卫星信号,将测得的位置或距离数据与已知的位置、距离数据进行比较,确定误差改正值,通过数据链发送给覆盖半径内的流动用户,从而改正流动用户的定位结果。载波相位差分动态定位也称为 RTK,按照数据链的时间要求,又分为实时 RTK 和事后 RTK 两类。事后 RTK 即后差分 GPS 测量,是指无须数据通信链路,在外业观测结束后室内进行厘米级精度的坐标解算。由于不需要携带数据通信装置,且不需考虑通信信号的连续问题,所以 GPS 后差分技术多用于测定无人机或机载传感器的实时位置,实时 RTK 技术则主要用于地面快速确定一、二级控制点坐标。

3.3.1.1 载波相位差分原理

设在参考站观测 j 颗 GPS 卫星,求得其伪距为:

$$\rho_b^j = R_b^j + C(\delta t_b - \delta t_s^j) + \delta \rho_b^j + (\delta \rho_b^j)_{ion} + (\delta \rho_b^j)_{trop} + \delta M_b + v_b \quad (3.14)$$

式中 R_b^j 为参考站到第 j 颗卫星的真实距离,可由参考站坐标和卫星的星历求得;δt_b 为参考站的钟差;δt_s^j 为第 j 颗卫星的钟差;$\delta \rho_s^j$ 为第 j 颗卫星的星历误差引起的伪距误差;$(\delta \rho_b^j)_{ion}$ 为电离层延迟误差;$(\delta \rho_b^j)_{trop}$ 为对流层延迟误差;δM_b 为多路径效应误差;v_b 为接收机的测量噪声。

将式(3.14)整理得参考站到第 j 颗卫星的伪距改正数:

$$\Delta \rho_b^j = R_b^j - \rho_b^j = -C(\delta t_b - \delta t_s^j) - \delta \rho_s^j - (\delta \rho_b^j)_{ion} + (\delta \rho_b^j)_{trop} - \delta M_b - v_b \quad (3.15)$$

类似地,用户站到第 j 颗卫星的伪距为:

$$\rho_u^j = R_u^j + C(\delta t_u - \delta t_s^j) + \delta \rho_u^j + (\delta \rho_u^j)_{ion} + (\delta \rho_u^j)_{trop} + \delta M_u + v_u \quad (3.16)$$

用参考站的伪距改正数 $\Delta \rho_b^j$ 对用户站的伪距 ρ_u^j 进行修正,有

$$\Delta \rho_b^j + \rho_u^j = R_u^j + C(\delta t_u - \delta t_b) + (\delta \rho_u^j - \delta \rho_b^j) + [(\delta \rho_u^j)_{ion} + (\delta \rho_b^j)_{ion}$$
$$+ [(\delta \rho_b^j)_{trop} + (\delta \rho_b^j)_{trop}] + (\delta M_u - \delta M_b) + (v_u - v_b) \quad (3.17)$$

当参考站与用户站相距较近(小于 100 km)时,取 $\delta \rho_u^j = \delta \rho_b^j$,$(\delta \rho_u^j)_{ion} = (\delta \rho_b^j)_{ion}$,$(\delta \rho_u^j)_{trop} = (\delta \rho_b^j)_{trop}$,则有:

$$\Delta \rho_b^j + \rho_u^j = R_u^j + C(\delta t_u - \delta t_b) + (\delta M_u - \delta M_b) + (v_u - v_b)$$
$$= [(X^j - X_u)^2 + (Y^j - Y_u)^2 + (Z^j - Z_u)^2]^{\frac{1}{2}} + \overline{\Delta \rho} \quad (3.18)$$

式中,$\overline{\Delta \rho}$ 为同一观测历元的各项残差之和,即

$$\overline{\Delta \rho} = c(\delta t_u - \delta t_b) + (\delta M_u - \delta M_b) + (v_u - v_b) \quad (3.19)$$

式(3.18)含有用户站的坐标(X_u, Y_u, Z_u)和 $\overline{\Delta \rho}$ 共 4 个未知数,所以只要参考站和用户站同时观测 4 颗卫星,就可进行求解。

在载波相位差分中,参考站和用户站至卫星的伪距用载波相位观测量表示为:

$$\rho_b^j = \lambda(N_{bo}^j + N_b^j) + \varphi_b^j \quad (3.20)$$

$$\rho_u^j = \lambda(N_{uo}^j + N_u^j) + \varphi_u^j \quad (3.21)$$

式中 N_{bo}^j、N_{uo}^j 为初始相位模糊度,即相位整周数的初始值;N_b^j,N_u^j 为从初始历元开始至观测历元间的相位整周累积数;φ_b^j、φ_u^j 为测量相位的小数部分;λ 为载波波长,L_1 载波的波长为 19 cm。

参考站的载波相位数据由数据链传送至用户站,在用户站上将两者进行差分,顾及式(3.15)、式(3.18)、式(3.20)和式(3.21)得:

$$R_b^j + \lambda(N_{uo}^j - N_{bo}^j) + \lambda(N_u^j - N_b^j) + \varphi_u^j - \varphi_b^j$$
$$= [(X^j - X_u)^2 + (Y^j - Y_u)^2 + (Z^j - Z_u)^2]^{\frac{1}{2}} + \overline{\Delta\rho} \tag{3.22}$$

式(3.22)中,初始相位模糊度未知,所以如何求解初始相位模糊度是求解用户站坐标最关键的问题。

3.3.1.2　后差分算法的关键技术

(1) 整周模糊度算法研究现状

静态整周模糊度的解决已比较成熟,近年来,许多学者一直致力于模糊度的快速动态确定,比较著名的有:

基于坐标域的模糊度函数法(AMF)(Counselman,1981;Remondi,1991;Mader,1992)

基于模糊度域最小二乘搜索法(LS)(Hatch,1990,1994;Abidin,1991,1992)

基于观测值域的双频 P 码法(Hatch,1982,1986,1994)

快速模糊度搜索滤波法(FASF)(Chen,1993)

快速模糊度解算法(FARA)(Frei,1989,1990)

Cholesky 分解算法(Euler,1992;landau,1992)

LAMBDA 方法(Teunissen,1995)

局部最小值法(Pratt,1997)

(2) 双频相关法(DUFCOM)

上述几种模糊度在航解算的 OTF 方法,一般都需要利用多个历元的观测数据,这样在确定模糊度的过程中必须保证观测卫星一直锁定,并且无周跳出现,否则将搜索失效,因而在实际应用中存在困难。虽然 Han 使用多种方法集成的方式实现了单历元解算模糊度,双频 P 码法、局部最小值法也可以在一个历元内确定模糊度,但是这三种方法都使用了 P 码伪距,由于在实际应用中普通的用户无法获得 P 码,因此这些方法尚不实用。

使用 C/A 码伪距之所以难以在一个历元内确定整周模糊度,根本原因是在于使用 C/A 码伪距构建的搜索空间内整周模糊度的备选值过多,使得在一个历元内的搜索结果难以通过后来的统计检验。孙红星博士于 2004 年提出了 DUFCOM(Dual Frequency Correlattion Method),即双频相关法,他根据双频相位观测数据的内在关系,在观测值域构建一个整周模糊度误差带,用此误差带作为约束条件,在观测值域对双频模糊度进行筛选,从而剔除大多数错误的模糊度,使后来的模糊度搜索空间缩小,并且由于最终搜索空间中元素的"稀疏"特征,使得后来的统计检验有效性大大增强,从而实现了使用一个历元的 C/A 码和双频相位数据就可以搜索确定正确的整周模糊度,进而实现高精度的事后差分计算。

该算法在武汉际上空间科技有限公司开发的航空 GNSS 接收机 AG-200 的后差分数据处理系统 Caravel PP 中得到了良好的应用。

3.3.2 网络差分模式下的 GPS RTK 快速定位

RTK 技术的出现使 GPS 的定位精度有了质的飞跃,大大扩展了 GPS 应用领域。但常规 RTK 只能在一定条件下保证移动站的定位精度,随着基线长度的增加,对流层和电离层等误差的相关性减弱甚至不再具有相关性,此时 GPS 差分技术失去了理论基础。网络 RTK 定位方式正是针对常规 RTK 存在的缺陷而设计,其目标是要保证用户能在较大空间范围内照样便捷地获得均匀、高精度和可靠的定位结果。应该说它已不是单纯的 GPS 产品,而是 Internet 技术、无线通信技术、计算机网络技术和 GPS 定位技术综合应用的网络差分定位系统。

3.3.2.1 网络差分定位系统的组成

GPS 网络差分定位系统由参考站网子系统、控制中心子系统、数据通信子系统以及用户应用子系统等四个部分组成。各子系统的技术构成与功能实现如表 3.7 所列。

表 3.7 各子系统技术构成与功能实现

系统名称	主要功能	设备构成	技术实现
参考站网子系统	卫星信号捕获、跟踪,数据采集、传输以及设备完好性监测	GPS 接收机、计算机、不间断电源 UPS、网络设备、避雷设施等	参考站的设计、选址、建设以及网络通信接入、防护设施的安装
控制中心子系统	数据处理、系统运行监控、信息服务与用户管理	计算机、相关软件、网络设备、数据通信设备、电源设备	控制中心结构设计、网络通信接入、相关软件安装、防护设施安装
数据通信子系统	参考站数据传送至系统控制中心以及实时定位数据发布、事后数据下载	ADSL、SDH、DDN 等各类专用网络线路,GPRS/CDMA 无线网络及相关网络设备	有线网络接入,无线通信技术
用户应用子系统	根据用户需求提供不同定位精度的服务	接收机、数据通信终端、软件系统	事后静态处理、常规 RTK、网络差分定位等

3.3.2.2　网络差分定位的原理

在一定区域内建立一定数量(一般为 3 个以上)的 GPS 连续运行参考站,利用现代数据通信技术将它们连接在一起,构成参考站网,形成对该地区的网状覆盖;在数据处理方面,将各参考站观测数据进行融合,整体改进区域大气延迟效应和卫星轨道误差,生成区域内差分改正信息;利用无线通信技术进行播发,同时移动站用户随时接入系统接收差分改正信息,稳定、快速地获得高质量的定位数据,将这样的一种定位方式称为 GPS 网络差分定位[6]。

目前,网络差分定位技术主要有以下三种实现方式[7]:

(1) 区域改正数(FKP)技术

FKP 是德文区域改正数(Flachen Korrektur Parameter)的缩写,它是 Geo 公司为参考站网络差分数据播发而设计的模型,相应地开发了 GNSMART 网络差分软件。FKP 模型对各个参考站上的非差参数进行估计,通过参考站非差参数的空间相关误差模型计算移动站的改正数,将距离相关误差定义为区域内平行于 WGS-84 椭球的线性多项式平面,其基准为参考站的高程。FKP 方法的实现流程可以表述为:

1) 控制中心接收各参考站的实时同步观测数据。

2) 数据处理中心采用卡尔曼滤波估计参考站网内所有非差状态参数。

3) 对所估非差状态参数中的电离层延迟、对流层延迟、卫星轨道误差以及地球潮汐影响进行空间相关误差建模,并据此估计移动站上的非差空间相关误差,计算生成 FKP 区域改正参数。

4) 把移动站上的非差空间相关误差描述成南北方向和东西方向的区域参数并以广播的方式按照 RTCM TYPE 59 格式发送。

5) 移动站用户采用专用的软硬件设备接收区域改正参数,并根据这些参数和自身位置计算误差改正数从而实现实时定位。

FKP 技术所使用的模型如表 3.8 所示。

表 3.8　FKP 技术使用的函数模型和随机模型

参数	函数模型	随机模型
电离层延迟	单层模型,每颗卫星一个参数	一阶高斯马尔可夫过程
对流层延迟	Hopfield 模型	一阶高斯马尔可夫过程
卫星轨道误差	—	一阶高斯马尔可夫过程

续表

参数	函数模型	随机模型
整周模糊度	固定后为常数	—
接收机钟差	—	白噪声过程
卫星钟差	二次多项式	白噪声过程
多路径效应	高度角相关加权	一阶高斯马尔可夫过程
相对论效应	相对论效应模型	一阶高斯马尔可夫过程
地球潮汐影响	潮汐改正模型	一阶高斯马尔可夫过程
观测噪声	—	白噪声过程

当采用卡尔曼滤波对上述各非差参数进行估计后,可得到如下参数估值:

$$X = [I_j^i \ T_j^i \ O_j^i \ N_j^i \ \delta t_j \ \delta t^i \ M_j^i \ R_j^i \ \delta dT]^{\mathrm{T}} \tag{3.23}$$

由此也可以看出,由于 FKP 技术待估参数较多,而又很难分别建立各参数准确的函数模型和随机模型,因此影响了移动站改正数的计算精度。

(2) 主辅站(MAC)技术

主辅站技术是 Leica 公司基于"主辅站概念"(Master Auxiliary Concept)而设计的网络差分方案,并推出了 SpiderNet 网络差分软件。MAC 的基本原理就是在参考站网以高度压缩的形式,将所有相关的代表整周模糊度的观测数据(如色散性的和非色散性的大气误差改正数),作为网络的改正数播发给移动站,图 3-8 为主辅站概念的示意图。其定位流程可以表述为:

1) 首先将各参考站原始观测数据传输至控制中心,并对参考站间的双差模糊度进行估计。

2) 控制中心根据接收来自移动站的 NMEA 格式的点位信息,在网内选定一个主参考站和多个辅助参考站。

3) 计算主参考站和辅助参考站间的单差空间相关误差,再将单差空间相关误差分解为色散误差和非色散误差项,并按不同的发送率传输到移动站。

4) 移动站接收 MAC 改正数,并按自定义的空间相关误差区域内插模型计算本站与各参考站的空间相关误差。

5) 使用计算的空间相关误差改正移动站的相位观测值,从而实现精密定位。

实现 MAC 定位的关键之一在于将参考站相位距离归算到一个公共的整周未知数水平,如果相对于某一卫星与接收机"对"而言,相位距离的整周未知数已经被消去,或被平差过,当组成双差时整周未知数就被消除了,此时可以说两个参考站具有一个公共的整周未知数水平。主参考站 A 的非差模糊度与辅站 B 的非差模糊度之间的关系为：

$$N_B^j = N_A^j + \Delta N_{AB}^j = N_A^j + \Delta N_{AB}^{ref} + \Delta \nabla N_{AB}^{ref,j} \tag{3.24}$$

式中，N 表示整周模糊度，ref 为参考卫星编号，ΔN_{AB}^{ref} 为对参考卫星的单差模糊度，$\Delta \nabla N_{AB}^{ref,j}$ 就称为整周模糊度水平。

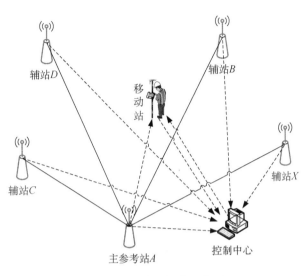

图 3-8　主辅站概念示意图

在网络平差或者组成双差计算模型时，只有参考站整周模糊度水平信息被保留，因此参考站网络内所有相关的、代表整周模糊度水平的观测数据都可转化为相应的网络改正数据播发给移动站用户。MAC 误差改正的数学公式为：

$$\delta \Phi_B^j = \Delta \rho_{AB}^j(t) - \Delta \Phi_{AB}^j(t) + cdt_A + (\Delta N_{AB}^{ref} + \Delta \nabla N_{AB}^{ref,j})$$

$$\delta \Phi_{AB}^{j,disp} = \frac{f_2^2}{f_2^2 - f_1^2} \delta \Phi_{AB,L1}^j - \frac{f_2^2}{f_2^2 - f_1^2} \delta \Phi_{AB,L2}^j \tag{3.25}$$

$$\delta \Phi_{AB}^{j,non-disp} = \frac{f_1^2}{f_2^2 - f_1^2} \delta \Phi_{AB,L1}^j - \frac{f_2^2}{f_2^2 - f_1^2} \delta \Phi_{AB,L2}^j$$

式中，ρ 为站星几何距离，$\Phi_A^j(t)$ 为主参考站观测值，$\delta \Phi_A^j$ 为对应主参考站的改正数值，dt_A 为接收机钟差，$\delta \Phi_{AB}^{j,disp}$ 为色散误差，主要是电离层延迟误差，$\delta \Phi_{AB}^{j,non-disp}$ 为非色散误差，主要包括对流层延迟、卫星轨道误差等影响。

MAC 技术克服了 FKP 方法的缺陷，支持单向和双向通信，对用户数量没有限制，为移动站用户提供了极大的灵活性，并且主辅站网络改正数都是相对于真正的参考站的，不是虚拟的。但同时 MAC 技术依然是在主参考站和移动站的基线上进行差分解算，虽然辅站信息改善了电离层、对流层的精度，可基线长并没有改变，和常规 RTK 一样面临着随着移动站到主参考站距离的增大,解算的速度和精度逐渐降低的问题;另一方面,MAC技术将主站原始数据和辅站相对信息都发给移动站,数据量大,并需要移动站有专门算法以适应增加的辅站信息,这无疑增加了移动站解算负担。

(3) 虚拟参考站(VRS)技术

虚拟参考站(Virtual Reference Station)技术是由 Trimble 公司提出的并体现在其核心网络差分软件 GPSNetwork 中,VRS 的基本原理就是综合利用各参考站的观测数据,通过建立精确的误差模型来修正空间距离相关误差,在用户移动站附近产生一个物理上不存在的虚拟参考站,这样就可以在用户站与 VRS 之间按照常规差分解算的模式来进行定位[25]。其定位流程可以表述为:

1) 控制中心接收各参考站实时的观测数据并对参考站网内各基线的模糊度进行在线解算。

2) 数据处理软件利用参考站网载波相位观测值计算每条基线上的综合误差,并据此建立电离层延迟、对流层延迟、卫星轨道误差等距离相关误差的空间参数模型。

3) 移动站用户将通过单点定位得到的 NMEA 格式的概略坐标通过无线数据链路发送给控制中心,控制中心软件经过处理即在该位置创建一个虚拟参考站。

4) 选取距离虚拟参考站最近的参考站为主参考站,并根据主参考站、用户及 GPS 卫星的相对几何关系,通过模型内插得到移动站与主参考站间的空间相关误差,再结合主参考站的观测值进而生成虚拟观测值。

5) 数据中心把虚拟观测值或改正数按照 RTCM 标准差分电文格式在 NTRIP 协议的基础上发送给移动站用户。

6) 用户移动站与 VRS 构成短基线,通过差分解算确定用户位置。图 3-9 为 VRS 系统的示意图。

相比较以上两种定位模型,VRS 具有比较明显的优势。VRS 根据移动站用户上传的概略坐标在移动站附近生成虚拟参考站,从而构成数十米的短基线,基本消除了长基线定位的概念,作业半径得到了很大的扩展,定位精度亦比较均匀;另外由于采用标准的差分数据格式及传输协议,对用户终端设备配置也没有更高的要求,这使得 VRS 技术成为目前国内外应用最广、最成功的一种网络差分定位技术。

3.3.2.3 网络差分定位算法模型

由上述 VRS 的定位流程,可以看出实现 VRS 定位的技术关键有:参考站间整周模糊度的实时在线解算、空间距离相关误差模型的建立以及虚拟观测值的生成。本节将对这几个问题进行详细的研究讨论,并提出了一种 VRS 虚拟观测值生成算法[26]。

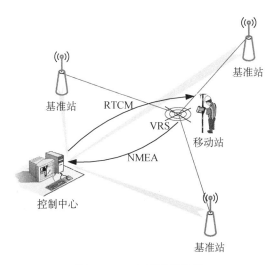

图 3-9 VRS 系统示意图

（1）整周模糊度的在线解算

整周模糊度的正确求解是实现高精度 GPS 载波相位定位的先决条件，众多学者都对其进行了广泛而深入的研究，也取得了很多成果。1993 年，Delft 大学的 Teunissen 教授提出了著名的最小二乘模糊度降相关平差法（Least-square AMBiguity Decorrelation Adjustment，LAMBDA），该方法可缩小整周模糊度搜索范围，加快搜索速度，是目前公认的一种较好的模糊度搜索算法，可用于快速静态定位和动态定位。然而在 VRS 网络差分系统中，随着基线长度的增加，电离层、对流层等误差的空间相关性减弱，仅仅利用 LAMBDA 算法来固定中长基线的模糊度，由于大量残差的影响，还有较大的困难，并且速度也难以保证。因此这里考虑先通过双频宽巷相位和窄巷伪距观测值的组合计算出宽巷模糊度，然后利用无电离层折射延迟组合得到 L_1 模糊度的浮点解，最后再用 LAMBDA 算法来搜索和固定 L_1、L_2 模糊度。

忽略观测噪声和多路径效应的影响，用双频宽巷相位和窄巷伪距的组合观测值可以把宽巷模糊度表示成：

$$\Delta\nabla N_w = \Delta\nabla\phi_{L1} - \nabla\Delta\phi_{L2} - \frac{1}{\lambda_w}\frac{f_1\Delta\nabla P_1 + f_2\Delta\nabla P_2}{(f_1 + f_2)} \tag{3.26}$$

式中，$\Delta\nabla N_w$ 为双差宽巷模糊度，$\Delta\nabla\phi_{L1}$、$\Delta\nabla\phi_{L2}$ 分别为 L_1、L_2 双差载波相位观测值，$\lambda_w = c/(f_1 - f_2)$ 为宽巷观测值的波长，$\Delta\nabla P_1$、$\Delta\nabla P_2$ 分别为 L_1、L_2 波段上的双差伪距观测值，f_1、f_2 分别为 L_1、L_2 载波的频率，由于宽巷观测值的波长较长，达到 86.19 cm，因此可以很容易地准确固定其模糊度。

求得高精度的宽巷模糊度之后，由于 $\Delta\nabla N_w = \Delta\nabla N_{L_1} - \Delta\nabla N_{L_2}$，因此下一步的任务就

是从 $\Delta\nabla N_W$ 中分离出 L_1、L_2 的双差模糊度 $\Delta\nabla N_{L_1}$ 和 $\Delta\nabla N_{L_2}$。为此采用无电离层延迟组合观测值：

$$\Delta\nabla\phi_{L iono-free} = \frac{f_1}{f_1+f_2}\Delta\nabla\phi_{L_1} - \frac{f_2}{f_1+f_2}\Delta\nabla\phi_{L_2}$$

$$= \frac{1}{\lambda_W}(\Delta\nabla\rho + \Delta\nabla O + \Delta\nabla T) + \frac{f_2}{f_1+f_2}\Delta\nabla N_1 - \frac{f_2}{f_1+f_2}\Delta\nabla N_2 \qquad (3.27)$$

式中，$\Delta\nabla\phi_{L iono-free}$ 为无电离层延迟组合观测值，$\Delta\nabla\rho$ 为双差站星距，$\Delta\nabla O$ 为双差轨道误差，$\Delta\nabla T$ 为双差对流层延迟，λ_n 为窄巷观测值波长，再将 $\Delta\nabla N_W$ 及 $\lambda_n = c/(f_1+f_2)$ 带入，就得到：

$$\Delta\nabla N_{L_1} = \frac{1}{\lambda_n}\Big[\lambda_W\big(\frac{f_1}{f_1+f_2}\Delta\nabla\phi_{L_1} - \frac{f_2}{f_1+f_2}\Delta\nabla\phi_{L_2}\big)$$

$$-\Delta\nabla\rho - \Delta\nabla O - \Delta\nabla T\Big] - \frac{f_2}{f_1-f_2}\Delta\nabla N_W \qquad (3.28)$$

这样就可以得到 L_1 双差模糊度的浮点解，最后通过 LAMBDA 算法来搜索和固定 L_1、L_2 整周模糊度，这里不再详述。

（2）误差建模与改正信息计算

忽略多路径及观测噪声的影响，L_1、L_2 载波的 GPS 双差相位观测方程可表示为：

$$\lambda_{L_1}\Delta\nabla\phi_{L_1} = \Delta\nabla\rho + \Delta\nabla O + \Delta\nabla T - \Delta\nabla I + \lambda_{L_1}\Delta\nabla N_{L_1}$$

$$\lambda_{L_2}\Delta\nabla\phi_{L_2} = \Delta\nabla\rho + \Delta\nabla O + \Delta\nabla T - \frac{f_1^2}{f_2^2}\Delta\nabla I + \lambda_{L_2}\Delta\nabla N_{L_2} \qquad (3.29)$$

当基线模糊度固定以后，根据精确的参考站已知坐标和差分相位观测值联立解算上面的方程就可以计算出参考站间的空间相关误差，双差电离层延迟为：

$$\Delta\nabla I = \frac{f_2^2}{f_1^2-f_2^2}\Big[(\lambda_{L_1}\Delta\nabla\phi_{L_1} - \lambda_{L_2}\Delta\nabla\phi_{L_2}) - (\lambda_{L_1}\Delta\nabla\phi_{L_1} - \lambda_{L_2}\Delta\nabla\phi_{L_2})\Big] \quad (3.30)$$

对流层延迟和轨道误差组合在一起，计算公式为：

$$\Delta\nabla T + \Delta\nabla O = \frac{f_1^2}{f_1^2-f_2^2}(\lambda_{L_1}\Delta\nabla\phi_{L_1} - \lambda_{L_1}\Delta\nabla N_{L_1}) -$$

$$\frac{f_2^2}{f_1^2-f_2^2}(\lambda_{L_2}\Delta\nabla\phi_{L_2} - \lambda_{L_2}\Delta\nabla N_{L_2}) - \Delta\nabla\rho \qquad (3.31)$$

如图 3-10 所示，设用户移动站 U 位于参考站网三角形 ABC 内且距离参考站 A 最近（主参考站），各参考站坐标精确已知，移动站单点定位得到的概略位置作为虚拟参考站 V

的坐标,在建立起参考站间的空间相关误差模型后,就可以利用内插算法内插出虚拟参考站相对于主参考站的空间相关误差[27][28]。

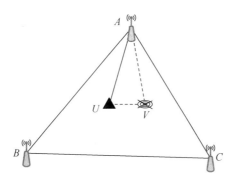

图 3-10　VRS 定位示意图

设某一历元时刻参考站 A,B 组成的基线在卫星对 p,q 之间的双差观测方程为:

$$\lambda\Delta\nabla\phi_{AB}^{pq} = (\lambda\phi_A^p - \lambda\phi_B^p) - (\lambda\phi_A^q - \lambda\phi_B^q)$$

$$= \Delta\nabla\rho_{AB}^{pq} + (\Delta\nabla O + \Delta\nabla T - \Delta\nabla I) + \lambda\Delta\nabla N_{AB}^{pq}$$

$$= \Delta\nabla\rho_{AB}^{pq} + \Delta\nabla R_{AB}^{pq} + \lambda\Delta\nabla N_{AB}^{pq} \tag{3.32}$$

可以看出 $\Delta\nabla R_{AB}^{pq}$ 是由 $\Delta\nabla O$、$\Delta\nabla T$ 及 $\Delta\nabla I$ 组成的,因此 $\Delta\nabla R_{AB}^{pq}$ 即代表了基线 AB 间的空间相关误差。并且有:

$$\Delta\nabla R_{AB}^{pq} = \lambda(\Delta\nabla\phi_{AB}^{pq} - \Delta\nabla N_{AB}^{pq}) - \rho_{AB}^{pq} \tag{3.33}$$

同理可以得到基线 AC 间的空间相关误差:

$$\Delta\nabla R_{AC}^{pq} = \lambda(\Delta\nabla\phi_{AC}^{pq} - \Delta\nabla N_{AC}^{pq}) - \rho_{AC}^{pq} \tag{3.34}$$

由 $\Delta\nabla R_{AB}^{pq}$ 及 $\Delta\nabla R_{AC}^{pq}$ 就可以内插出 VRS 相对于主参考站间的空间相关误差 $\Delta\nabla R_{AV}^{pq}$,这里采用平面内插模型,假定 $\Delta\nabla R$ 是线性变化的,是平面坐标差的函数,即分别有:

$$\Delta\nabla R_{AB} = a_1(X_B - X_A) + a_2(Y_B - Y_A) \tag{3.35}$$

$$\Delta\nabla R_{AC} = a_1(X_C - X_A) + a_2(Y_C - Y_A) \tag{3.36}$$

$$\Delta\nabla R_{AV} = a_1(X_V - X_A) + a_2(Y_V - Y_A) \tag{3.37}$$

由式(3.35)及式(3.36)可以求得系数 a_1 和 a_2,带入式(3.36),就可以求出 VRS 相对于主参考站 A 的空间相关误差。

(3) VRS 虚拟观测值生成[29][30]

求得 VRS 相对于主参考站 A 的空间相关误差 $\Delta\nabla R_{AV}$ 后,仿照公式(3.32),有:

$$\lambda \Delta\nabla\phi_{AV}^{pq} = (\lambda\phi_A^p - \lambda\phi_V^p) - (\lambda\phi_A^q - \lambda\phi_V^q)$$

$$= \Delta\nabla\rho_{AV}^{pq} + (\Delta\nabla O + \Delta\nabla T - \Delta\nabla I) + \lambda\Delta\nabla N_{AV}^{pq}$$

$$= \Delta\nabla\rho_{AV}^{pq} + \Delta\nabla R_{AV}^{pq} + \lambda\Delta\nabla N_{AV}^{pq} = \lambda\Delta\phi_A^{pq} - \lambda\Delta\phi_V^{pq} \qquad (3.38)$$

由于参考站坐标精确已知,虚拟参考站坐标由单点定位得到,因此上式中, ϕ_A^{pq} 及 $\Delta\nabla\rho_{AV}^{pq}$ 都是可以求得的,而双差整周模糊度也已在本节开始得到了解决,这样就可以解出:

$$\Delta\phi_V^{pq} = \Delta\phi_A^{pq} - \frac{1}{\lambda}(\Delta\nabla\rho_{AV}^{pq} + \Delta\nabla R_{AV}^{pq}) - \Delta\nabla N_{AV}^{pq} \qquad (3.39)$$

而 $\Delta\nabla\phi_V^{pq}$ 即是相对于主参考站求得的 VRS 相位单差观测值。

这里提出的算法是综合利用移动站所在三角形的三个参考站的观测数据,通过按距离定权的方式生成虚拟观测值,设待求虚拟观测值为 $\Delta\phi_V$,则根据式(3.39),由各参考站到 VRS 间的空间相关误差对各参考站观测值进行改正得到的改正数分别为:

$$\Delta\phi_{VA} = \Delta\phi_A - \frac{1}{\lambda}(\Delta\nabla\rho_{AV} + \Delta\nabla R_{AV}) - \Delta\nabla N_{AV} = \Delta\phi_V - V_{\Delta\phi_{VA}}$$

$$\Delta\phi_{VB} = \Delta\phi_B - \frac{1}{\lambda}(\Delta\nabla\rho_{BV} + \Delta\nabla R_{BV}) - \Delta\nabla N_{BV} = \Delta\phi_V - V_{\Delta\phi_{VB}} \qquad (3.40)$$

$$\Delta\phi_{VC} = \Delta\phi_C - \frac{1}{\lambda}(\Delta\nabla\rho_{CV} + \Delta\nabla R_{CV}) - \Delta\nabla N_{CV} = \Delta\phi_V - V_{\Delta\phi_{VC}}$$

将其写成: $\boldsymbol{V} = \boldsymbol{B}\hat{x} - \boldsymbol{l}$ 的形式,其中 $\boldsymbol{V} = [V_{\Delta\phi_{VA}} \; V_{\Delta\phi_{VB}} \; V_{\Delta\phi_{VC}}]^{\mathrm{T}}$ 表示改正数误差, $\boldsymbol{B} = [1\;1\;1]^{\mathrm{T}}$, $\hat{x}$ 即代表 $\Delta\phi_V$, $\boldsymbol{l} = [\Delta\phi_{VA} \; \Delta\phi_{VB} \; \Delta\phi_{VC}]^{\mathrm{T}}$ 。

关于 x 的权阵 $\boldsymbol{P}$,这里根据各参考站到 VRS 的距离来确定。设各参考站到 VRS 的距离分别为 S_{AV} 、 S_{BV} 、 S_{CV} ,则令:

$$\boldsymbol{P} = \begin{bmatrix} \dfrac{1}{S_{AV}} & & \\ & \dfrac{1}{S_{BV}} & \\ & & \dfrac{1}{S_{CV}} \end{bmatrix} \qquad (3.41)$$

这样,按照最小二乘原理,由间接平差公式 $\hat{x} = (\boldsymbol{B}^{\mathrm{T}}\boldsymbol{P}\boldsymbol{B})^{-1}\boldsymbol{B}^{\mathrm{T}}\boldsymbol{P}\boldsymbol{l}$,解得:

$$\Delta\phi_V = \left(\frac{\Delta\phi_{VA}}{S_{AV}} + \frac{\Delta\phi_{VB}}{S_{BV}} + \frac{\Delta\phi_{VC}}{S_{CV}}\right)\left(\frac{1}{S_{AV}} + \frac{1}{S_{BV}} + \frac{1}{S_{CV}}\right)^{-1} \qquad (3.42)$$

（4）移动站用户定位

建立主参考站 A 与用户流动站 U 在卫星对 p,q 之间的双差观测方程：

$$\lambda\,\Delta\nabla\phi_{AU}^{pq} = \Delta\nabla\rho_{AU}^{pq} + \Delta\nabla R_{AU}^{pq} + \lambda\,\Delta\nabla N_{AU}^{pq} = \lambda\,\Delta\nabla\phi_A^{pq} - \lambda\,\Delta\nabla\phi_U^{pq} \tag{3.43}$$

将(3.38)式与(3.43)式相减,可以得到：

$$\begin{aligned}
\lambda\,\Delta\phi_U^{pq} - \lambda\,\Delta\phi_V^{pq} &= (\Delta\nabla\rho_{AV}^{pq} + \Delta\nabla R_{AV}^{pq} + \lambda\,\Delta\nabla N_{AV}^{pq}) - (\Delta\nabla\rho_{AU}^{pq} + \Delta\nabla R_{AU}^{pq} + \lambda\,\Delta\nabla N_{AU}^{pq}) \\
&= (\Delta\nabla\rho_U^{pq} - \Delta\nabla\rho_V^{pq}) + (\lambda\,\Delta\nabla N_U^{pq} - \lambda\,\Delta\nabla N_V^{pq}) + (\Delta\nabla R_U^{pq} - \Delta\nabla R_V^{pq}) \\
&= \Delta\nabla\rho_{UV}^{pq} + \lambda\,\Delta\nabla N_{UV}^{pq} + (\Delta\nabla R_U^{pq} - \Delta\nabla R_V^{pq}) \\
&= \lambda\,\Delta\phi_{UV}^{pq}
\end{aligned} \tag{3.44}$$

通常虚拟参考站 VRS 与用户移动站 U 距离较近,因此可认为：$\Delta\nabla R_U^{pq} = \Delta\nabla R_V^{pq}$,则式 (3.44)即变为：

$$\Delta\nabla\rho_{UV}^{pq} = \lambda(\Delta\nabla\phi_{UV}^{pq} - \Delta\nabla N_{UV}^{pq}) \tag{3.45}$$

上式即为用户移动站与虚拟参考站之间的双差观测方程,这样就可以按照常规 RTK 定位的方式解算出用户的位置,进而实现了 VRS 网络差分定位[30][31]。

3.3.3 GPS 非差精密单点定位技术

精密单点定位技术(Precise Point Positioning,简称 PPP)就是利用单台双频 GPS 接收机采集的码和相位观测值,结合下载的卫星精密星历及精密钟差,采用非差模型进行事后/实时单点定位,从而获取地面测站/无人机摄站的高精度坐标。采用 PPP 定位模式,无人机航摄时无须布设地面参考站,节省大量的人力和物力,并且简化外业航测流程;地面 GPS/TS 组合定位时无须建立庞大的 CORS 网络系统,只需单机即可完成快速定位,在有 CORS 网络地区还可以实现联合高精度定位[32]。由此可见,PPP 技术将在空地一体化快速成图中发挥重要作用。

PPP 定位模式采用非差观测模型,保留了所有的观测信息,可用观测值多,可以直接获得测站坐标,而且不同测站的观测值不相关,测站与测站之间无距离限制;但同时它的未知参数也比较多,并且无法采用站间或者星间差分的方法消除误差影响,必须利用完善的模型改正。

精密单点定位一般采用非差或单差的处理模式,主要模型有常规模型、无模糊度模型和 UofC 模型。这种定位方式不能像相对定位那样,在站间与星间组成二次差分观测值消除误差影响,因此,在利用单站观测值进行精密定位时,除改正常规误差外还需要考虑其他一些误差源的影响,包括卫星和接收机天线相位中心误差、相对论效应,以及初始相位偏差与硬件延迟等。这些误差直接影响解算的收敛速度和定位精度,因而对这些误差的处理是精密单点定位处理中的一个重要的内容[33]。

3.3.3.1 GPS 基本观测方程

（1）码相位观测方程

GPS 接收机的基本观测量是信号从卫星到接收机的传播时间，即由接收机时钟记录的接收信号的时刻与记录在广播信号中的卫星发射信号时刻之差。在接收机内部产生复制码，并延迟适当的时间与接收到的卫星信号对齐，通过测量这个延迟量计算信号传播时间。通过这种方法测得的传播时间与真空中的光速相乘，于是可以得到以下的码观测方程或伪距观测方程：

$$P_r^s(t) = c\left[t_r(t) - t^s(t - \tau_r^s)\right] + \varepsilon_r^s(t) \tag{3.46}$$

式中：

P_r^s——从卫星 s 到接收机 r 上的码观测量；

t——观测时间；

c——真空中的光速；

t_r——信号被接收机 r 接收的时间；

t^s——信号从卫星 s 发射的时间；

τ_r^s——信号从卫星 s 到接收机 r 的传播时间；

ε_r^s——码测量误差。

由于卫星时钟与接收机时钟不同步，以及它们相互独立的计时，其时间都不可能与共同的参考时间（GPS 时间）完全相同。所以需要对接收机钟差 δt_r 和卫星钟差 δt^s 进行考虑，得到式（3.47）和式（3.48）。

$$t_r(t) = t + \delta t_r(t) \tag{3.47}$$

$$t^s(t - \tau_r^s) = t - \tau_r^s + \delta t^s(t - \tau_r^s) \tag{3.48}$$

将式（3.47）和式（3.48）代入式（3.46），于是可以得到式（3.49）

$$P_r^s(t) = c\tau_r^s + c\left[\delta t_r(t) - \delta t^s(t - \tau_r^s)\right] + \varepsilon_r^s(t) \tag{3.49}$$

为了计算卫星和接收机之间的几何距离，在信号传播时间 τ_r^s 中应该考虑到卫星与接收机的硬件延迟、大气误差以及多路径效应等的影响，于是有：

$$\tau_r^s = d^s + \delta\tau_r^s + d_r \tag{3.50}$$

$$\delta\tau_r^s = \frac{1}{c}\left(\rho_r^{sk} + I_r^s + T_r^s + dm_r^s\right) \tag{3.51}$$

式中：

$\delta\tau_r^s$ ——信号从卫星天线到接收机天线的传播时间；

d_r ——接收机端的硬件码延迟；

d^s ——卫星端的硬件码延迟；

ρ_r^{sk} ——卫星与接收机之间的几何距离；

I_r^s ——电离层延迟；

T_r^s ——对流层延迟；

dm_r^s ——多路径延迟。

将式(3.50)和式(3.51)带入式(3.49)，即可得到码观测方程，如式(3.52)所示：

$$P_r^s(t) = \rho_r^s(t, t - \tau_r^s) + I_r^s(t) + T_r^s(t) + dm_r^s(t)$$
$$+ c[\delta t_r(t) - \delta t^s(t - \tau_r^s)] + c[d_r(t) + d^s(t - \tau_r^s)] + \varepsilon_r^s(t) \tag{3.52}$$

（2）载波相位观测方程

相对于码观测量，相位观测量更加精确，但同时引入了另一个未知参数，即所谓的整周模糊度。载波相位观测量 φ_r^s 是 GPS 接收机在接收时刻产生的本地参考信号的相位值 φ_i 与卫星发射时刻的相位值 φ^s 之差。由于仅仅能测出一周以内的相位值，所以存在载波相位整周模糊度问题。基本的载波相位观测方程表示为：

$$\varphi^s(t) = \varphi_r(t) - \varphi^s(t - \tau_r^s) + N_r^s + \varepsilon(t) \tag{3.53}$$

式中：

φ ——载波相位观测量；

N ——载波相位整周模糊度；

ε ——相位测量误差。

设卫星和接收机的振荡器初始时刻分别为 t^0 和 t_0，根据相位、频率、时间的关系，式(3.53)等号右边的 $\phi_r(t)$ 和 $\phi^s(t - \tau_r^s)$ 分别为：

$$\phi_r(t) = f[t_r(t)] + \phi_r(t_0) = f[t + \delta t_r(t)] + \phi_r(t_0) \tag{3.54}$$

$$\phi^s(t - \tau_r^s) = f[t - \tau_r^s + \delta t^s(t - \tau_r^s)] + \phi^s(t^0) \tag{3.55}$$

式中 f 为载波频率。

将式(3.54)和式(3.55)带入式(3.53)，则有：

$$\phi_r^s(t) = f[\tau_r^s + \delta t_r(t) - \delta t^s(t - \tau_r^s)] + [\phi_r(t_0) - \phi^s(t^0)] + N_r^s + \varepsilon_r^s(t) \tag{3.56}$$

式(3.56)以周为单位，设 Φ 表示以米为单位的载波相位测量值，则有 $\Phi = c\phi / f$，考虑

到卫星与接收机的硬件延迟、大气延迟等误差的影响,参照式(3.50)与式(3.51),式(3.56)可转化为:

$$\Phi_r^s(t) = \rho_r^s(t, t - \tau_r^s) - I_r^s(t) + T_r^s(t) + dm_r^s(t) + c[\delta t_r(t) - \delta t^s(t - \tau_r^s)]$$
$$+ c[\delta_r(t) + \delta^s(t - \tau_r^s)] + \lambda N_r^s + \lambda[\phi_r(t_0) - \phi^s(t^0)] + \varepsilon_r^s(t)$$

$$(3.57)$$

式中:

$\delta_r(t)$ ——接收机端的硬件载波相位延迟;

$\delta^s(t - \tau_r^s)$ ——卫星端的硬件载波相位延迟;

$\phi_r(t_0)$ ——零时刻接收机本地信号的初始相位;

$\phi^s(t^0)$ ——零时刻卫星信号的初始相位。

式(3.57)可简写为

$$\Phi_r^s(t) = \rho_r^s(t, t - \tau_r^s) - I_r^s(t) + T_r^s(t) + dm_r^s(t)$$
$$+ c[\delta t_r(t) - \delta t^s(t - \tau_r^s)] + \lambda b_r^s + \varepsilon_r^s(t)$$

$$(3.58)$$

式中 b_r^s 为包含卫星和接收机端初始相位和硬件延迟的模糊度项,可表示为 $b_r^s = f[\delta_r(t) + \delta^s(t - \tau_r^s)] + N_r^s + [\phi_r(t_0) - \phi^s(t^0)]$,其余参数与式(3.52)相同。

3.3.3.2 观测值组合

观测值的线性组合分为两种形式:一种是差分组合观测值,常用的差分组合包括站间差分组合、星间差分组合、站星二次差分组合等;另一种是非差观测值不同频率之间的线性组合,如宽巷组合等[5]。

(1) 差分组合观测值

在GPS测量中,通常利用差分组合观测值来消除或削弱一些误差的影响,或者是为了消去某些不需要估计的待定参数,达到简化数据处理模型的目的。这里仅介绍用于精密单点定位中的星间差分观测值。星间差分观测值是指同一测站观测到的不同卫星之间求一次差得到的间接观测量。星间差分观测值的一个重要优点是消除了接收机钟差的影响,电离层、对流层延迟等其他误差在方程中以星间差值的形式出现,定位时可以大大削弱对单站定位的影响。

(2) 非差观测值线性组合

GPS原始观测量包括载波相位观测量 ϕ_1、ϕ_2 和码伪距观测量 P_1、P_2 及 C/A,利用这些原始的载波相位和伪距观测值形成线性组合观测值,有利于模糊度解算、周跳探测与修复等数据处理工作。在非差数据处理中,根据不同的任务需要,通常有以下几种线性组合观测值(均以长度单位表示)。

1) 宽巷组合观测值,表达式如下:

$$L_W = \frac{1}{f_1 - f_2}(f_1 L_1 - f_2 L_2) \tag{3.59}$$

宽巷组合观测值具有较长的波长,$\lambda_w = 0.86$ m。因此,该组合观测值可用于周跳探测与修复、初始整周模糊度的确定等方面。

2) 无电离层组合观测值,表达式如下:

$$\begin{cases} L_{IF} = \dfrac{1}{f_1^2 - f_2^2}(f_1^2 L_1 - f_2^2 L_2) \\ P_{IF} = \dfrac{1}{f_1^2 - f_2^2}(f_1^2 P_1 - f_2^2 P_2) \end{cases} \tag{3.60}$$

无电离层组合观测值的最大优点是消除了一阶电离层的影响,但模糊度不再为整数,精密单点定位中通常采用该模型作为数据处理模型。

3) Geomtry-free 组合观测值

Geomtry-free 组合观测值和接收机、卫星之间的几何距离无关,仅包含电离层残差项和整周模糊度项。由于在未发生周跳的情况下,整周模糊度保持不变,且电离层残差变化缓慢,因此,该组合观测值可用于周跳的探测与修复,表达式如下:

$$L_I = L_1 - L_2 \tag{3.61}$$

4) M-W 组合观测值

M-W 组合观测值由 Melbourne 和 Wubbena 提出,该组合观测值消除了几何距离、接收机钟差、对流层延迟等误差的影响,并且具有较长的波长,可以用于确定初始整周模糊度,表达式如下:

$$L_{MW} = \frac{1}{f_1 - f_2}(f_1 L_1 - f_2 L_2) - \frac{1}{f_1 + f_2}(f_1 P_1 + f_2 P_2) \tag{3.62}$$

组合观测值又可表示为 $L_{MW} = \lambda_w b_w$,其中,λ_w 为宽巷波长,b_w 为宽巷模糊度。

3.3.3.3　PPP 数学模型

在精密单点定位中,主要有三种数据处理模型,分别为常规模型、无模糊度模型和 UofC 模型。这三种模型都是基于双频观测值的,主要区别在于模糊度的处理方式不同,采用观测值的组合方式也不同。

（1）PPP 常规模型

最早的 PPP 处理模型是由 Zumberge 和 Kouba 等人提出的,采用双频伪距和载波相位观测值的无电离层组合作为精密单点定位的函数模型,表达式如下：

$$P_{IF} = \frac{f_1^2 \cdot P_1 - f_2^2 \cdot P_2}{f_1^2 - f_2^2} = \rho + c(\delta t_r - \delta t^s) + T +$$
$$dm + c[d_r(t) - d^s(t - \tau_r^s)] + \varepsilon(P_{IF}) \tag{3.63}$$

$$\Phi_{IF} = \frac{f_1^2 \cdot \Phi_1 - f_2^2 \cdot \Phi_2}{f_1^2 - f_2^2} = \rho + c(\delta t_r - \delta t^s) + T + \lambda_{IF}b_{IF} + dm + \varepsilon(\Phi_{IF}) \tag{3.64}$$

式中，P_{IF}、Φ_{IF} 分别为伪距和载波相位的无电离层组合观测值，$b_{IF} = \frac{f_1^2 \cdot b_1 - f_1 f_2 \cdot b_2}{f_1^2 - f_2^2}$ 为无电离层组合观测值的模糊度，$\varepsilon(P_{IF})$、$\varepsilon(\Phi_{IF})$ 分别为两种组合观测值的观测噪声及未被模型化的误差，其他参数参见式(3.52)和式(3.58)。

常规模型是应用最早、最广的数学模型，它能够消除一阶电离层延迟和内部频偏的影响。但也存在一些不足之处：①无电离层组合观测值中模糊度项只能作为实参数进行估计，因而不能利用模糊度的整数特性，参数估值只能随着观测量的累积和几何结构的变化逐步趋于收敛。② 尽管消除了内部频偏的影响，但硬件的其他延迟仍然存在，同时模型中的非零初始相位不会消除，将被映射到模糊度中，进一步影响定位结果。③ 组合观测值的观测噪声相对于原始码和相位观测值的噪声被放大了 3 倍，噪声越大，产生的位置误差也越大，趋于收敛所需的时间也越长。

（2）无模糊度模型

这种模型采用无电离层伪距组合观测值和历元间差分的载波相位观测值，表达式如下：

$$P_{IF} = \frac{f_1^2 \cdot P_1 - f_2^2 \cdot P_2}{f_1^2 - f_2^2}$$
$$= \rho + c(\delta t_r - \delta t^s) + T + dm + c[d_r(t) - d^s(t - \tau_r^s)] + \varepsilon(P_{IF}) \tag{3.65}$$

$$\Delta\Phi_{IF} = \Phi_{IF}(k) - \Phi_{IF}(k-1)$$
$$= \Delta\rho(k,k-1) + c[\Delta\delta t_r(k,k-1) - \Delta\delta t^s(k,k-1)] + \Delta T + \Delta dm + \varepsilon(\Delta\Phi_{IF})$$
$$\tag{3.66}$$

式中 Δ 表示历元 k 和历元 $k-1$ 之间求差。

历元间相位差是指同一卫星的两个相邻历元的观测值求一次差，因此只能得到历间的相对位置。当相邻历元出现卫星升降的情况时，无法利用这些卫星的相关观测值，造成观测数据的利用率降低。此外，相位差观测值虽然消除了模糊度参数，避免了单点模糊度难以固定的问题，却引起了观测值间的数学相关性。在实际应用中，相位差观测值间的这种相关性给数据处理带来了不便，这也是无模糊度模型在实际应用中的不足之处。

（3）UofC 模型

UofC 模型是由卡尔加里大学的 Gao Yang 教授提出的，除了采用无电离层相位组合外，还采用了码和相位的半和组合观测值，通过模糊度伪固定加速模糊度收敛的方法，数学模型表达式如下：

$$P_{IF,i} = \frac{P_i + \Phi_i}{2} = \rho + c(\delta t_r - \delta t^s) + T + dm + \frac{\lambda_i b_i}{2} + \varepsilon(P_{IF,i}) \tag{3.67}$$

$$\Phi_{IF} = \frac{f_1^2 \cdot \Phi_1 - f_2^2 \cdot \Phi_2}{f_1^2 - f_2^2} = \rho + c(\delta t_r - \delta t^s) + T + \lambda_{IF} b_{IF} + dm + \varepsilon(P_{IF}) \tag{3.68}$$

式中 $P_{IF,i}$ 为码和相位的半和组合观测值（$i = 1, 2$），Φ_{IF} 为常规无电离层相位组合观测值，$\varepsilon(P_{IF,i})$、$\varepsilon(P_{IF})$ 为相应组合观测值的观测噪声及未被模型化的误差。

UofC 模型不仅消除了一阶电离层延迟的影响，而且降低了组合观测值的噪声水平。因此，对模型解算的影响相对较小。不同于常规模型，UofC 模型特别之处在于可以分别估计 L_1 和 L_2 载波相位的整周模糊度，从而加速模糊度解算的收敛，但系统中仍存几种系统性延迟或误差，如非零初始相位、卫星以及接收机的码和相位的硬件延迟。这些偏差与模糊度难以分离，实际的模糊度估计量并不具备整数特性，强行采用模糊度整数约束的方法进行伪固定，虽然可以提高收敛速度，但只能保证模糊度估值的精度在一个波长以内，伪固定后的定位精度只能达到分米级。

3.3.3.4　周跳探测与修复

周跳是指接收机在跟踪卫星过程中由于受到无线电信号干扰等原因造成信号失锁，从而导致载波相位观测值整周数发生突然跳跃的现象。在 GPS 精密单点定位中，周跳的探测与修复是数据处理不可缺少的组成部分。目前周跳探测与修复有多种方法，本章针对精密单点定位的特点主要介绍 M-W 组合法和电离层残差法。

（1）利用 M-W 组合观测值进行周跳探测

M-W 组合观测值消除了几何距离、接收机钟差、对流层延迟等误差的影响，并且具有较长的波长，因此能够有效地对单站数据进行周跳探测。M-W 组合观测值的模糊度为：

$$N_w = \varphi_w - \frac{f_1 P_1 + f_2 P_2}{(f_1 + f_2) \lambda_w} \tag{3.69}$$

探测时模糊度的递推公式为

$$<N_w>_i = <N_w>_{i-1} - \frac{1}{i} [N_{w,i} - <N_w>_{i-1}] \tag{3.70}$$

$$\sigma_i^2 = \sigma_{i-1}^2 + \frac{1}{i} [(N_{w,i} - <N_w>_{i-1}) - \sigma_{i-1}^2] \tag{3.71}$$

式中 $<N_w>$ 为宽巷模糊度 N_w 的平均值，$N_{w,i}$ 为第 i 历元的宽巷模糊度值，σ_i 为第 i 历元宽巷模糊度 N_w 的标准差。

该方法探测步骤为：

1）如果 $|N_{w,i+1} - <N_w>_i| > 4\sigma_i$，表示第 $i+1$ 历元可能存在周跳，否则按式（3.70）和式（3.71）递推第 $i+1$ 历元的均值和方差。

2）计算第 $i+2$ 历元的宽巷模糊度，如果 $i+1$ 和 $i+2$ 两个历元上的模糊度均超限且两个超限值本身相差不大，则在 $i+1$ 历元上发生周跳。此时，把前面 i 个历元观测数据记为第一段，记下 N_w 的均值和方差。

3）从 $i+1$ 历元开始重新递推 N_w 的均值和方差，重复上述步骤直到最后一个历元为止。

当载波相位观测值的两个频率 L_1 和 L_2 上同时出现等值周跳时，利用该方法无法检测出周跳，因此在探测宽巷周跳的基础上，采用电离层残差组合法来探测 L_1 和 L_2 载波上的周跳。

（2）利用电离层残差组合观测值探测周跳

对于同一历元的 L_1 和 L_2 载波相位观测值，对流层延迟、卫星和接收机钟差的影响是一致的，则由 L_1 和 L_2 的载波相位观测值相减得

$$\lambda_1 \phi_1 - \lambda_2 \phi_2 = -(I_1 - I_2) + \lambda_1 N_1 - \lambda_2 N_2 \tag{3.72}$$

式（3.72）消除了卫星几何距离误差、接收机钟差等与频率无关因素的影响，仅剩下电离层残差和整周模糊度以及与频率相关的噪声。当未发生周跳时，模糊度保持不变，并且电离层影响变化缓慢，因此可以对相邻历元间载波相位观测值进行周跳探测，该方法的检测量为：

$$\Delta N = \phi_1(t + \Delta t) - \frac{f_1}{f_2} \phi_2(t + \Delta t) - \left[\phi_1(t) - \frac{f_1}{f_2} \phi_2(t)\right] \tag{3.73}$$

载波相位的观测噪声为 $\sigma_\phi = 0.01$ 周，应用误差传播定律得 $\sigma_{\Delta N} = 2.3\sigma_\phi = 0.023$ 周，在

周跳探测时,通常以 $3\sigma=0.07$ 周的误差作为检测阈值,此时对于 ±4 周以内的周跳均可明确分离。

图 3-11 为 M－W 组合法与电离层残差法周跳检测量对比图,试验数据采用 2010 年 4 月 11 日 BJFS 站数据,采用人为的方式加入周跳值,周跳加入情况为:第 100 历元中 L_1 观测值加入 1 周,第 103 历元 L_2 观测值减去 1 周,第 112 历元 L_1 观测值减去 1 周、L_2 观测值加入 1 周,第 150 历元 L_1、L_2 观测值分别减去 2 周。很明显,当 L_1 与 L_2 观测值中出现等值周跳时,电离层残差法能够有效地进行探测。

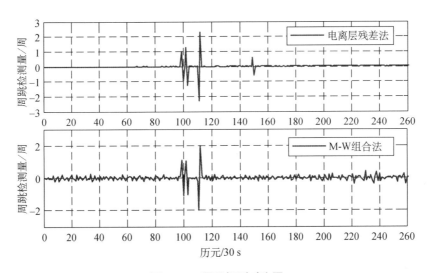

图 3-11　周跳探测对比图

上述 GPS 单/多基站 RTK 技术、GPS 实时/后处理 PPP 技术的研究与应用,为本章 GPS/TS 组合定位的算法实现提供了重要的技术保障。

3.3.4　GPS/TS 组合定位算法

本节基于发明的 GPS 与全站仪的测距棱镜组合新型结构(即超棱镜)以及无线通信技术,通过电子平板(PAD)操控全站仪,通过 GPS/TS 组合定位两种算法的研究,实现全站仪在没有已知点的条件下能以自由设站方式,快速实施区域地形地籍测绘,同时大大降低了全站仪操作员和跑点员的技术要求。其中确保 GPS 与全站仪测量数据实时到达 PAD 的则是至关重要的无线数据传输技术,此内容将在第四章 4.3.2 节研究实现。

3.3.4.1　自由设站模式下的后方交会算法

本算法主要用于测区 GPS 信号接收较好,全站仪自由设站后无须迁站就能获得至少两个 GPS 定位点的情形。

（1）算法思想及原理

本算法基本思想是：全站仪自由设站后，利用超棱镜上的 GPS 接入 CORS 网络，以 RTK 定位方式率先测定至少两个测图控制点 $A(x_A, y_A)$、$B(x_B, y_B)$ 的地方坐标，通过短信方式实时发送到全站仪端 PDA 上；同时全站仪分别测定至两个测图控制点的水平距离 (S_1, S_2)。全站仪端 PDA 自动解算出全站仪自由设站点 P 的测站坐标 (x_P, y_P)。

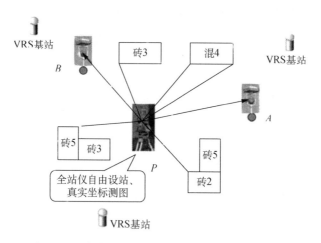

图 3-12　自由设站模式下的 GPS 后方交会示意图

后方交会算法原理：如图 3-20 所示，A、B 为两个 GPS 测图控制点，两点之间的距离为 S_0，P 为待定的全站仪自由控制点，全站仪测得 P 点至 A、B 的距离 S_1 和 S_2，即可确定 P 点之坐标 (x_P, y_P)。为便于精度讨论，建立如图 3-13 所示的坐标系统。

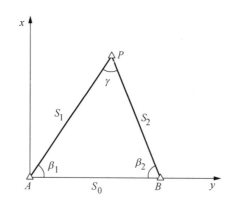

图 3-13　后方交会点位精度与最有利图形分析[34]

交会点 P 的坐标计算数学模型为：

$$\begin{cases} x_P = S_1 \sin\beta_1 \\ y_P = S_1 \cos\beta_1 \end{cases} \tag{3.74}$$

式中 β_1 由余弦定理计算：

$$\cos\beta_1 = \frac{S_1^2 + S_0^2 - S_2^2}{2S_1 S_0} \tag{3.75}$$

（2）自由设站点位精度分析

对式（3.75）进行全微分，并整理后得

$$d\beta_1 = \frac{dS_2 - \cos\gamma\, dS_1}{S_1 \sin\gamma} \tag{3.76}$$

对式（3.74）进行全微分得

$$\begin{cases} dx_P = \sin\beta_1 + S_1\cos\beta_1\, d\beta_1 \\ dy_P = \cos\beta_1\, dS_1 - S_1\sin\beta_1\, d\beta_1 \end{cases} \tag{3.77}$$

将式（3.76）代入式（3.77）并整理后得

$$\begin{cases} dx_P = \dfrac{\cos\beta_1}{\sin\gamma}dS_2 + \dfrac{\cos\beta_2}{\sin\gamma}dS_1 \\ dy_P = -\dfrac{\sin\beta_1}{\sin\gamma}dS_2 + \dfrac{\sin\beta_2}{\sin\gamma}dS_1 \end{cases} \tag{3.78}$$

利用误差传播定律可得 P 点的点位中误差

$$M_P^2 = Mx_P^2 + My_P^2 = \frac{m_{S_1}^2 + m_{S_2}^2}{\sin^2\gamma} \tag{3.79}$$

即

$$M_P = \pm\frac{1}{\sin\gamma}\sqrt{m_{S_1}^2 + m_{S_2}^2} \tag{3.80}$$

从上式可以看出，全站仪自由设站测边交会的精度，不仅与 S_1 和 S_2 的测量精度有关，而且与交会角 γ 有关。有文献认为，当交会角 $\gamma = 90°$ 时，交会点精度最高，但笔者认为这一结论值得进一步探讨。

（3）最有利图形分析

众所周知，全站仪精度的数学模型可表达为：

$$m_S^2 = a^2 + b^2 S^2 \tag{3.81}$$

式中：a^2 为固定误差部分，$b^2 S^2$ 为比例误差部分，S 为所测的距离值，由式（3.80）、式（3.81）知：

$$M_P = \pm \frac{1}{\sin\gamma}\sqrt{2a^2 + b^2(S_1^2 + S_2^2)} \tag{3.82}$$

在 $\triangle PAB$ 中,利用正弦定理有

$$\frac{S_0}{\sin\gamma} = \frac{S_1}{\sin\beta_2} = \frac{S_2}{\sin\beta_1} \tag{3.83}$$

将式(3.83)代入式(3.82)并整理后得:

$$M_P^2 = \frac{2a^2}{\sin^2\gamma} + \frac{b^2 S_0^2(\sin^2\beta_1 + \sin^2\beta_2)}{\sin^4\gamma} \tag{3.84}$$

从式(3.84)可以看出:当控制点间距 S_0 和测距精度一定时,全站仪自由设站测边交会的精度取决于图形 β_1、β_2、γ 的值,若 γ 为定值,当 $(\sin^2\beta_1 + \sin^2\beta_2)$ 有极小值时 M_P 有极小值。

令 $$A = \sin^2\beta_1 + \sin^2\beta_2 = \sin^2\beta_1 + \sin^2(\beta_1 + \gamma) \tag{3.85}$$

对上式求一阶导数,并令其等于 0 得:

$$A' = \sin^2\beta_1 + \sin^2(\beta_1 + \gamma) = 0 \tag{3.86}$$

即 $\sin^2\beta_1 - \sin^2\beta_2 = 0$,也即 $\beta_1 = \beta_2$,也就是说,对于一定的 γ 角,当 $\beta_1 = \beta_2$ 即对称交会时,交会图形最为有利:

为进一步判定最佳交会精度,对式(3.86)求二阶导数得

$$A'' = 2\cos2\beta_1 + 2\cos2(\beta_1 + \gamma) = 4\cos2\beta_1 \tag{3.87}$$

由上式知:

1) 当 $\cos2\beta_1 > 0$ 时,M_P 有极小值,即 $\gamma > 90°$ 且对称交会,使待定点 P 的点位中误差最小,交会图形最为有利。

2) 当 $\cos2\beta_1 < 0$ 时,M_P 有极大值,即 $\gamma < 90°$ 且对称交会,使待定点 P 的点位中误差最大,交会图形最为不利。

3) 当 $\gamma = 90°$ 时,交会点 P 的点位中误差恒为 $\sqrt{2a^2 + b^2 S_0^2}$,但不是最小值,这和文献中的结论不相一致。

(4) 最有利图形实例分析

对称交会时,$\beta_1 = \beta_2$,式(3.83)变为

$$M_P = \pm\frac{\sqrt{2}}{\sin\gamma} \cdot \sqrt{a^2 + \left(\frac{bS_0}{2}\csc\frac{\gamma}{2}\right)^2} \tag{3.88}$$

　　用测距精度为 1 mm＋1 ppm 的全站仪测定距离 S_1 和 S_2，已知点 A、B 之间的距离 $S_0＝1$ km，将有关数据代入式(3.88)可计算出对称交会不同交会角 γ 对应的交会点的精度列于表 3.9。

表 3.9　对称交会自由设站点 P 精度

γ (°)	60	65	70	75	80	85	90	95	100	105	110	115	120
$\beta_1＝\beta_2$	60	57.5	55	52.5	50	47.5	45	42.5	40	37.5	35	32.5	30
M_P (mm)	2.31	2.13	2.00	1.89	1.82	1.77	1.73	1.72	1.71	1.73	1.76	1.81	1.89

　　从表 3.9 可以看出，当对称交会($\beta_1＝\beta_2＝40°$)，交会角 $\gamma＝100°$时，交会最为有利，实例计算结果和理论分析得出的结论是一致的。

　　在实际测量工作中，应根据 GPS 测定的控制点间距和使用的全站仪测距精度计算比较得出最佳交会角。对于要求精度高的交会点，还应考虑到 GPS 控制点本身的精度对交会结果的影响。

3.3.4.2　自由设站模式下的坐标变换算法

　　本算法用于测区 GPS 信号接收较差，全站仪自由设站后必须通过迁站才能获得至少两个 GPS 定位点的情形。

　　(1)算法思想及原理

　　本算法基本思想是：全站仪在自由设站后直接以自由坐标和自由方位测定地物点和测图控制点；超棱镜上的 GPS 则随机测定区块内至少两个以上的测图控制点 $G_1(x_1, y_1)$、$G_2(x_2, y_2)$、$\cdots$、$G_n(x_n, y_n)$ 的地方坐标并实时发送到全站仪端 PDA 上；全站仪同时测定至任一测图控制点的水平距离(D_1、D_2、$\cdots$、D_n)。全站仪端 PDA 不再解算自由设站点 P 的测站坐标(x_P, y_P)，而是通过测图控制点的两套坐标(自由坐标与真实坐标)先求解区域坐标转换参数，再根据坐标转换参数实施区域内自由图件的整体坐标变换。

　　坐标变换算法原理为相似变换法。测量中不同平面直角坐标系存在坐标原点差异(表现为原点矩 δ_x、δ_y)、坐标轴不平行差异(表现为旋转角 θ)、尺度差异(表现为尺度比 K_x、K_y)。由此，可建立不同平面直角坐标系间二维坐标转换的数学模型，即

$$\begin{bmatrix} X \\ Y \end{bmatrix} = \begin{bmatrix} \delta_x \\ \delta_y \end{bmatrix} + \begin{bmatrix} \cos\theta & \sin\theta \\ -\sin\theta & \cos\theta \end{bmatrix} \begin{bmatrix} X' \\ Y' \end{bmatrix} + \begin{bmatrix} K_x & 0 \\ 0 & K_y \end{bmatrix} \begin{bmatrix} X' \\ Y' \end{bmatrix} \tag{3.89}$$

式中 X、Y 为真实坐标系下的坐标，X'、Y' 为自由坐标系的对应坐标，δ_x、δ_y 为原点矩，θ 为旋转角，K_x、K_y 为尺度比。

　　图 3-14 为自由设站模式下的坐标变换算法示意图。

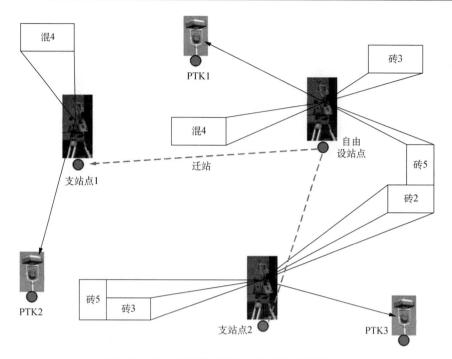

图 3-14 自由设站模式下的坐标变换算法示意图

（2）坐标转换精度计算

将式（3.88）矩阵运算展开，可得：

$$X = \delta_x + X'\cos\theta + Y'\sin\theta + X'K_x \tag{3.90}$$

$$Y = \delta_y - X'\sin\theta + Y'\cos\theta + Y'K_y \tag{3.91}$$

将式（3.90）、式（3.91）再整理，可得：

$$X = \delta_x + X'(\cos\theta + K_x) + Y'\sin\theta \tag{3.92}$$

$$Y = \delta_y - X'\sin\theta + Y'(\cos\theta + K_y) \tag{3.93}$$

令

$$a_1 = \delta_x \; ; \; a_2 = \cos\theta + K_x \; ; \; a_3 = \sin\theta$$

$$b_1 = \delta_y \; ; \; b_2 = -\sin\theta \; ; \; b_3 = \cos\theta + K_y$$

考虑到 $a_3 = -b_2$，并且 X 轴和 Y 轴的尺度差异大致相当，可认为 $K_x \approx K_y$，则有：

$$X = a_1 + a_2 X' + a_3 Y' \tag{3.94}$$

$$Y = b_1 - a_3 X' + a_2 Y' \tag{3.95}$$

将 a_1, a_2, a_3, b_1 用 a, b, c, d 代替并将式（3.94）、式（3.95）用矩阵形式表示，则有：

$$\begin{bmatrix} X \\ Y \end{bmatrix} = \begin{bmatrix} 1 & 0 & X' & -Y' \\ 0 & 1 & Y' & X' \end{bmatrix} \begin{bmatrix} a \\ b \\ c \\ d \end{bmatrix} \tag{3.96}$$

由式(3.96)可知,平面直角坐标系转换参数 a,b,c,d 未知,至少需要两个公共点才能解出这四个参数。在实际工作过程中,公共点的数量一般是未知的,公共点数量越多坐标转换的精度就越有保障。假设共有 n 个公共点,根据式(3.96)可列出如下方程:

$$\begin{bmatrix} x_{g1} \\ y_{g1} \\ x_{g2} \\ y_{g2} \\ \cdots \\ x_{gn} \\ y_{gn} \end{bmatrix}_{(2n \times 1)} = \begin{bmatrix} 1 & 0 & x_{q1} & -y_{q1} \\ 0 & 1 & y_{q1} & x_{q1} \\ 1 & 0 & x_{q2} & -y_{q2} \\ 0 & 1 & y_{q2} & x_{q2} \\ \cdots & \cdots & \cdots & \cdots \\ 1 & 0 & x_{qn} & -y_{qn} \\ 0 & 1 & y_{qn} & x_{qn} \end{bmatrix}_{(2n \times 4)} \begin{bmatrix} a \\ b \\ c \\ d \end{bmatrix}_{(4 \times 1)} \tag{3.97}$$

记为: $L = BX$

其中, x_{gn} 表示第 n 个公共点在成图坐标系下 X 轴方向的坐标, y_{gn} 表示第 n 个公共点在成图坐标系下 Y 轴方向的坐标; x_{qn} 表示第 n 个公共点在自由坐标系下 X 轴方向的坐标, y_{qn} 表示第 n 个公共点在自由坐标系下 Y 轴方向的坐标。

第 n 个公共点在成图坐标系下的坐标精度一般可以直接从工作底图或者 GPS 接收机接收的卫星电文中直接获取,设为 d_{gn},考虑到 X 轴和 Y 轴方向上标准差一致,则 X 轴和 Y 轴方向上的标准差(精度)为 $\frac{\sqrt{2} d_{gn}}{2}$,列出方程式(3.97)中公共点坐标的方差阵为:

$$D = \begin{bmatrix} \frac{d_{g1}^2}{2} & & & & & & \\ & \frac{d_{g1}^2}{2} & & & & & \\ & & \frac{d_{g2}^2}{2} & & & & \\ & & & \frac{d_{g2}^2}{2} & & & \\ & & & & \cdots & & \\ & & & & & \frac{d_{gn}^2}{2} & \\ & & & & & & \frac{d_{gn}^2}{2} \end{bmatrix}_{(2n \times 2n)} \tag{3.98}$$

根据最小二乘原理,可得坐标转换参数 $\boldsymbol{X}$,

$$\boldsymbol{X} = (\boldsymbol{B}^{\mathrm{T}} \boldsymbol{D}^{-1} \boldsymbol{B})^{-1} \boldsymbol{B}^{\mathrm{T}} \boldsymbol{D}^{-1} \boldsymbol{L} \tag{3.99}$$

带入式(3.96)坐标转换公式,可得自由坐标系到成图坐标系的转换结果。根据最小二乘原理,转换后坐标的方差阵可表示为:

$$\boldsymbol{D}' = \boldsymbol{A} \, (\boldsymbol{B}^{\mathrm{T}} \boldsymbol{D}^{-1} \boldsymbol{B})^{-1} \boldsymbol{A}^{\mathrm{T}} \tag{3.100}$$

和式(3.98)类似,$\boldsymbol{D}'$ 为 2×2 的矩阵,转换后坐标的方差为:

$$m = trace \left[\boldsymbol{A} \, (\boldsymbol{B}^{\mathrm{T}} \boldsymbol{D}^{-1} \boldsymbol{B})^{-1} \boldsymbol{A}^{\mathrm{T}} \right]_{(2 \times 2)} \tag{3.101}$$

则转换精度(即标准差):

$$p = \sqrt{m} \tag{3.102}$$

3.4   信号盲区下的 FOG/TS 组合定向技术

GPS/TS组合定位作为无人机影像受遮挡区域以及新增建设区域的测绘补充,解决了一般隐蔽区域的快速成图问题,但是需要利用GPS测定一定数量的测图控制点。对于特别隐蔽区域,或许只能获取极少数的GPS孤立定位点,此时全站仪由于无法自主定向将会影响GPS技术优势的充分发挥。现有的陀螺经纬仪主要用于地下工程定向中,而光纤陀螺寻北研究则主要集中在军事武器方面。本节将试图突破技术禁区,重点研究光纤陀螺/全站仪(FOG/TS)组合定向技术,为解决GPS信号盲区下的快速修补测成图乃至常态化测绘开辟新的途径。同时,困难地区控制点数量的成倍减少,也直接提高了外业测绘效率。

3.4.1   光纤陀螺仪寻北原理

光纤陀螺仪是光学陀螺仪的一种,它是伴随着光纤传感技术的发展而迅速发展起来的。该技术是一种以光波为载体,以光纤为媒质,感知和传输外界被测量信号的新型传感技术。光纤陀螺仪正是利用这种光学传输特性,通过敏感地球旋转角速度获得陀螺轴与真北方向的夹角,它不同于其他机电陀螺靠转动部件来敏感地球旋转角速率和角偏差[11]。

(1) 光纤陀螺仪基本原理

各种光纤陀螺尽管在工作方式和误差补偿机理上有很大的差异,但其基本工作原理都是相同的,均以光速的恒定性和光学上的 Sagnac 效应为理论基础。Sagnac 效应是指光波在沿惯性空间中的闭合回路传输时,由于回路旋转而形成的时间延迟效应[35]。

光纤陀螺仪的基本原理是:从光源 A 发出的光经过分束器 BS 分成等强的两束,分别耦合进入多匝光纤线圈 C 的两端。两束相反方向传播的光束在光纤线圈绕行后,分别从光纤线圈的相反两端射出,再经过分束器 BS 而汇合,并在光检测器 B 中产生干涉图纹[35]。如图 3-15 所示。

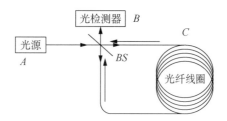

图 3-15 光纤陀螺仪基本原理示意图[35]

当光纤陀螺仪相对惯性空间无旋转时,相反方向传播的两束光绕行一周的光程相等,不会产生 Sagnac 相移;当光纤陀螺仪绕其中心轴旋转时,两束光波将会产生一个和旋转角速率 Ω 成正比的相位差 $\Delta\phi$:

$$\Delta\phi = \frac{2\pi LD}{\lambda c}\Omega \tag{3.103}$$

式中,D 为光纤线圈的直径,L 为光路总长,λ 为光源的波长,c 为真空中的光速。

光纤线圈旋转引起的相位差无法直接进行测量,只能先转化为光功率,通过光检测器把干涉引起的光强变化检测出来;然后根据光检测器的输出电流与 Sagnac 相位差间的函数关系,推算得到相应转速。其关系式如下:

$$\Omega = \frac{\lambda c}{2\pi LD}\left[\arccos\left(\frac{2I}{I_0}-1\right)-\phi_m\right] \tag{3.104}$$

式中,I 为光检测器输出,I_0 为平均光强,ϕ_m 为初始补偿相位。

(2)四位置寻北原理

在地面数字化测图工作中需要确定全站仪视准轴与坐标北方向的夹角,为了实现角秒级全站仪定向,应先探讨光纤陀螺仪本身的寻北原理[16]。

光纤陀螺仪寻北的原理是利用地球自转角速度的水平北向分量 ω_{ie}^n 是方位角的函数,即:

$$\omega_{ie}^n = \Omega_{ie}\cdot\cos\varphi\cdot\cos\Phi \tag{3.105}$$

式中：Ω_{ie} 为地球自转角速度；φ 为所在地纬度；Φ 为载体的方位角。

由式(3-105)可知，只要能够精确地测出地球自转角速度北向分量 ω_{ie}^n 的大小，便可求得载体的方位角。将光纤陀螺仪安装于水平平台上即可敏感出北向分量。驱动平台转动，精确定位于四个特定位置(Φ、$\Phi+90°$、$\Phi+180°$、$\Phi+270°$)，并在各位置上测量陀螺仪的输出量。

$$\left.\begin{array}{l} \omega_1 = \Omega_{ie} \cdot \cos\varphi \cdot \cos\Phi + \Delta\varepsilon \\ \omega_2 = \Omega_{ie} \cdot \cos\varphi \cdot \cos(\Phi+90°) + \Delta\varepsilon \\ \omega_3 = \Omega_{ie} \cdot \cos\varphi \cdot \cos(\Phi+180°) + \Delta\varepsilon \\ \omega_4 = \Omega_{ie} \cdot \cos\varphi \cdot \cos(\Phi+270°) + \Delta\varepsilon \end{array}\right\} \tag{3.106}$$

式中：ω_1、ω_2、ω_3、ω_4 分别为 1、2、3、4 位置时陀螺仪的输出换算量；$\Delta\varepsilon$ 为陀螺仪的常值漂移误差(零偏)。

利用下式可以求得方位角：

$$\Phi = \sin^2\left[\arccos(\frac{\omega_1-\omega_3}{2\Omega_{ie}\cos\varphi})\right]\arccos(\frac{\omega_1-\omega_3}{2\Omega_{ie}cos\varphi}) + \cos^2\left[\arcsin(\frac{\omega_4-\omega_2}{2\Omega_{ie}\cos\varphi})\right]\arcsin(\frac{\omega_4-\omega_2}{2\Omega_{ie}cos\varphi})$$

$$\tag{3.107}$$

如果平台台面倾斜，四个位置的倾斜角(θ_1、θ_2、θ_3、θ_4)可以由加速度计进行测量与补偿，并利用下式求取方位角：

$$\Phi = \arctan\left\{\frac{\omega_{\theta 4}-\omega_{\theta 2}}{\omega_{\theta 1}-\omega_{\theta 3}} \cdot \frac{\cos[\arcsin(\frac{a_4}{g})]+\cos[\arcsin(\frac{a_2}{g})]}{\cos[\arcsin(\frac{a_1}{g})]+\cos[\arcsin(\frac{a_3}{g})]}\right\} \tag{3.108}$$

式中：$\omega_{\theta 1}$、$\omega_{\theta 2}$、$\omega_{\theta 3}$、$\omega_{\theta 4}$ 分别为四个位置时陀螺仪输出量的换算值；a_1、a_2、a_3、a_4 分别为四个位置加速度计输出的换算量；g 为重力加速度。

3.4.2　FOG/TS 组合定向算法

全站仪测量的先决条件是既要有测站点位置还需要有确定视准轴方位的定向方位点。全站仪本身不能自主定向，但能提供高精度的水平角值(转位)与精密的整平状态；而光纤陀螺仪本身具有自主定向功能，但需要有高精度的转位与精平辅助。因此，将光纤陀螺与全站仪进行技术组合，可望实现基于光纤陀螺的全站仪快速高精度定向[36]。

3.4.2.1　FOG 四位置观测设计

光纤陀螺辅助全站仪自主定向，就是要根据全站仪和光纤陀螺的特点，解决全站仪辅助下的光纤陀螺寻北误差抑制以及光纤陀螺安置于全站仪上的安装误差自动补偿问题。为此,设计了光纤陀螺敏感轴在东向、西向、西向抵偿、东向抵偿共四个特定位置,分别敏感出地球自转角速度的水平北向分量值,进而为计算全站仪横轴的真方位角提供数据准备。

　　四个特定位置的具体含义及操作步骤如下:

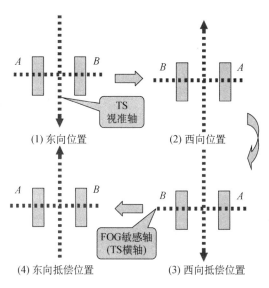

(1) 东向位置　　　　　　　　(2) 西向位置

(4) 东向抵偿位置　　　　　(3) 西向抵偿位置

图 3-16　四位置观测设计

　　东向位置采集。转动照准部使光纤陀螺敏感轴概略指向东向后制动照准部,放平望远镜并竖直制动,光纤陀螺静态重复观测 n_1 次,取平均值为 ω_{01}。

　　西向位置采集。转动照准部 $180°$ 后水平制动,光纤陀螺静态重复观测 n_2 次,取平均值 ω_{02}。

　　西向抵偿位置采集。倒转望远镜 $180°$ 后竖直制动,光纤陀螺静态重复观测 n_3 次,取平均值为 ω_{03}。

　　东向抵偿位置采集。转动照准部 $180°$ 后竖直制动,光纤陀螺静态重复观测 n_4 次,取得平均值为 ω_{04}。

3.4.2.2　四位置观测方程建立

　　如图 3-17 所示为东向位置采集时的各主要轴线关系。在地面点 $Q(L,B)$ 架设全站仪, QH 为全站仪横轴在水平面上的投影,其与北向 QN 夹角为 α ,即全站仪横轴的真方位角。 QF 为光纤陀螺敏感轴, QK 为 QF 在水平面的投影。由于安装误差的存在,使得 QF 与 QH 存在着一个空间夹角, μ 为 QH 与 QK 间的夹角,也即 FOG 安装误差角在水平面上的投影；ν 为 QF 与 QK 间的夹角，也即 FOG 安装误差角在竖直面上的投影。

设地球自转角速度为 ω_{ie}，于是可得：

$$\omega_1 = \omega_{01} + \Delta\omega = \omega_{ie}\cos B\cos(\alpha + \mu)\cos\nu + \omega_{ie}\sin B\sin\nu \tag{3.109}$$

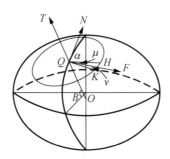

图 3-17　光纤陀螺东向位置寻北时主要轴系关系

转动照准部 180°到西向位置时，μ,ν 夹角大小和符号不变，则有：

$$\begin{aligned}\omega_2 = \omega_{02} + \Delta\omega &= \omega_{ie}\cos B\cos(180^0 + \alpha + \mu)\cos\nu + \omega_{ie}\sin B\sin\nu \\ &= \omega_{ie}\cos B\cos(\alpha + \mu)\cos\nu + \omega_{ie}\sin B\sin\nu\end{aligned} \tag{3.110}$$

倒转望远镜 180°后到西向抵偿位置，此时 μ,ν 夹角大小不变，但符号反号，则有：

$$\begin{aligned}\omega_3 = \omega_{03} + \Delta\omega &= \omega_{ie}\cos B\cos(\alpha - \mu)\cos(-\nu) + \omega_{ie}\sin B\sin(-\nu) \\ &= \omega_{ie}\cos B\cos(\alpha - \mu)\cos\nu - \omega_{ie}\sin B\sin\nu\end{aligned} \tag{3.111}$$

转动照准部 180°到东向抵偿位置时，μ,ν 夹角大小不变，但符号反号，则有：

$$\begin{aligned}\omega_4 = \omega_{04} + \Delta\omega &= \omega_{ie}\cos B\cos(180^0 + \alpha - \mu)\cos(-\nu) + \omega_{ie}\sin B\sin(-\nu) \\ &= -\omega_{ie}\cos B\cos(\alpha - \mu)\cos\nu - \omega_{ie}\sin B\sin\nu\end{aligned} \tag{3.112}$$

3.4.2.3　全站仪横轴方位角计算

由式(3.109)、式(3.110)，可得：

$$\omega_1 - \omega_2 = \omega_{01} - \omega_{02} = 2\omega_{ie}\cos B\cos(\alpha + \mu)\cos\nu \tag{3.113}$$

$$\alpha + \mu = \arccos\frac{\omega_{01} - \omega_{02}}{2\omega_{ie}\cos B\cos\nu} \tag{3.114}$$

由式(3.111)、式(3.112)，同理可得：

$$\alpha - \mu = \arccos\frac{\omega_{03} - \omega_{04}}{2\omega_{ie}\cos B\cos\nu} \tag{3.115}$$

由式(3.113)、式(3.114)，可得：

$$\alpha = \frac{1}{2}\left(\arccos\frac{\omega_{01}-\omega_{02}}{2\omega_{ie}\cos B\cos\nu} + \arccos\frac{\omega_{03}-\omega_{04}}{2\omega_{ie}\cos B\cos\nu}\right) \tag{3.116}$$

在四位置观测中，可以认为 FOG 敏感轴已处于理论水平位置，ν 仅是由于 FOG 轴的标定误差以及现场安装误差带来的微小影响，可取 $\nu \approx 0$，于是上式简化为：

$$\alpha = \frac{1}{2}\left(\arccos\frac{\omega_{01}-\omega_{02}}{2\omega_{ie}\cos B} + \arccos\frac{\omega_{03}-\omega_{04}}{2\omega_{ie}\cos B}\right) \tag{3.117}$$

式(3.117)即为全站仪横轴方位角的实用计算式。

3.4.2.4　全站仪视准轴方位角换算

全站仪横轴方位角也即 FOG 敏感轴方位，假设为 α_{FOG}，则全站仪视准轴方位角 α_{TS} 可表达如下：

$$\alpha_{TS} = \alpha_{FOG} + \gamma + 90^0 \tag{3.118}$$

γ 为该测站点的平面子午线收敛角，按下式计算：

$$\gamma = l \cdot \sin B + \frac{l^3}{3} \cdot \sin B \cdot \cos^2 B \cdot (1+3y^2+2 \cdot y^4) + \frac{l^5}{15} \cdot \sin B \cdot \cos^4 B \cdot (2-t^2) \tag{3.119}$$

式中：$t=\tan B$，$y^2=\dfrac{a^2-b^2}{b^2} \cdot \cos^2 B$，$l=L-L_0$，$a$、$b$ 分别为 WGS-84 椭球长、短半轴，L_0 为高斯投影中央子午线经度，L 为测站点经度。

3.4.3　数值仿真与试验测试

3.4.3.1　数值仿真

（1）寻北时间对精度的影响

从图 3-18 中可见，当纬度固定为 32°、水平误差取 15″、方位角为 45°时，在前 40 s，陀螺零偏残差对定向精度随观测时间增加而急剧提高；在 40～60 s 趋于缓和；超过 60 s 后，定向精度提高已经不太明显。因此，陀螺测量误差对定向精度的影响规律是：纬度越高，水平误差越大，定向精度越低；定向精度随观测时间增加而提高，但超过 60 s 后，定向精度提高已经不太明显。

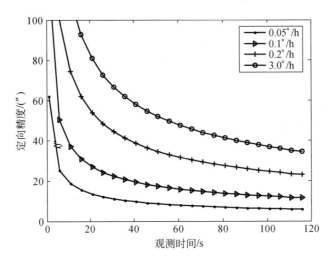

图 3-18 观测时间变化时陀螺零偏残差对定向精度的影响

（2）纬度变化对定向精度的影响规律

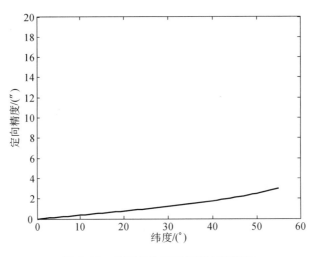

图 3-19 纬度变化对定向精度的影响

从图 3-19 可以看出，在方位角取 45°，无水平误差情况下，定向精度随纬度增大而增大。

3.4.3.2　四位置静态对准试验

本试验采用 205 所的 IMU，陀螺零漂稳定性 0.02°/h。将 IMU 放置在 SMT-I 型三轴模拟转台上，首先将转台归零对北，并依次逆时针旋转 90°三次，在四个位置分别依次采集 30 s 的数据。数据采集完成后，将转台偏离北向一个夹角作为对准的初始位置，并依次逆时针旋转 90°三次，在四个位置分别依次采集 30s 的数据。在试验中对于转台水平没有限制，试验结果如表 3.10 所示。

表 3.10　第一组四位置试验结果

姿态真值(°)			方位角 (°)	方位角误差 (′)	俯仰角 (°)	俯仰角误差 (′)	倾斜角 (°)	倾斜角误差 (′)
方位	俯仰	倾斜						
0	0	0	−0.004 6	0.276	0.016 9	−1.014	−0.009 2	0.552
30	0	0	29.991 4	0.516	0.012 2	−0.732	−0.010 9	0.654
117	0	0	117.045 6	−2.736	0.011 9	−0.714	−0.012 0	0.720
−27	0	0	−27.001 7	0.102	0.011 8	−0.708	−0.012 8	0.768
30	−8	5	30.045 7	−2.742	−7.982 2	−1.068	4.992 8	0.432
50	−8	5	50.037 7	−2.262	−7.982 1	−1.074	4.990 3	0.582
−147	−8	5	−146.951 2	2.928	−7.982 2	−1.068	4.989 9	0.606

从表 3.10 中可以得出,无论 IMU 是否调平,利用设计的四位置寻北方法均可以得到 IMU 的方位角、俯仰角和倾斜角。方位角误差最大值小于 1 mrad,水平姿态角误差最大值小于 0.4 mrad,均达到了设计要求。

3.4.3.3　全站仪与光纤陀螺组合试验

将光纤陀螺仪(零漂稳定性 0.02°/h)安装在全站仪(南方 NTS-352 型,测角精度为 ±2″)的安装支架上,全站仪既作为稳定平台又可以提供高精度的水平信息。采用竖直平面内 180°翻转,水平平面内四位置对准寻北。图 3-20 为十次寻北试验的结果。

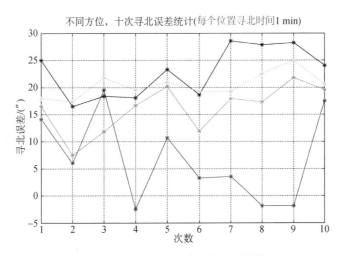

图 3-20　FOG/TS 组合寻北试验结果

以上试验数据表明:① 通过光纤陀螺仪完全自主找北的特性,可以有效地解决全站仪对已知点位信息的依赖问题,在无已知点或只有单个已知点的情况下,该组合方式可以保证全站仪照常进行测绘工作。②由于全站仪自带的准确的转位和水平调整机构,为光纤陀螺仪快速准确找北提供实现基础,可以在较高精度水平的保证下,有效去除光纤陀螺的常值误差,加上通过事前完成的随机误差的建模补偿,实现优于30″的定向精度,可以满足日常测绘工作的需求。

3.5   三维激光扫描成图技术

三维激光扫描成图技术是实现小区域快速可视化成图与建模的另一项测绘新技术。通过机载和车载激光扫描方式,以完成地形图修测、三维场景重建、建筑模型制作以及工程测量等任务,是近年来激光扫描测量技术应用研究的一个重要方向,也是空地一体化快速成图的一种新模式。

3.5.1   三维激光扫描技术简介

三维激光扫描技术起源于20世纪90年代中期,通过三维激光扫描仪的高速运转获取目标物体表面的三维坐标信息及反射强度信息,可获取高精度高分辨率的数字地形模型,并可以进行二维成图,因此该技术应用广泛。三维激光扫描技术又被称为实景复制技术,是测绘领域继GPS技术之后的一项新的技术革新。

3.5.1.1   基本原理

三维激光扫描系统包括三维激光扫描仪和系统软件,其工作目标是快速、方便、准确地获取近距离静态物体的三维点云数据,以便进行进一步的数据处理和建模分析。三维激光扫描技术的硬件基础是三维激光扫描仪,其系统组成主要包括扫描系统、控制系统和计算机系统三大部分,如图3-21所示。

其中,扫描系统由激光发射器和接收器、水平和垂直反射棱镜、滤光镜和一些内部软件等构成,扫描系统包括激光测距模块和激光扫描模块,与此同时集成了CCD相机和内部校正系统等;控制系统通过计算机总线控制扫描模块和测距模块,以此来控制扫描仪扫描系统正常工作;计算机系统由微处理器和存储器组成,通过计算机系统发出工作指令控制仪器工作,并将测量数据实时存储到计算机。

三维激光扫描仪的主要构造是由一台高速精确的激光测距仪,配上一组可以引导激光并以均匀速度扫描的反射棱镜。激光测距仪主动发射激光,同时接收由自然物表面反射的信号从而可以进行测距,针对每一个扫描点可测得测站至扫描点的斜距,再配合扫描的水平和垂直方向角,可以得到每一扫描点与测站的空间相对坐标。如果测站的空间坐标是已知的,那么则可以求得每一个扫描点的三维坐标。

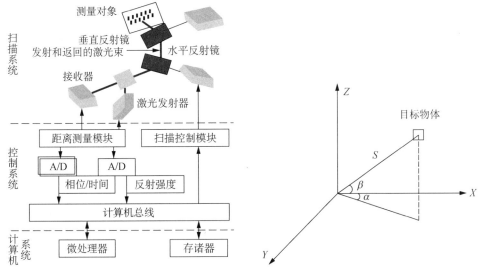

图 3-21　三维激光扫描系统构成　　　　图 3-22　三维激光扫描原理图

　　三维激光扫描仪发射器发出一个激光脉冲信号,经物体表面漫反射后,沿几乎相同的路径反向传回到接收器,可以计算目标点与扫描仪距离 S,控制编码器同步测量每个激光脉冲横向扫描角度观测值 α 和纵向扫描角度观测值 β。三维激光扫描测量一般为仪器自定义坐标系,X 轴在横向扫描面内,Y 轴在横向扫描面内与 X 轴垂直,Z 轴与横向扫描面垂直。

　　根据上述三维激光扫描仪工作原理得到目标物体的坐标(X,Y,Z)计算公式如下:

$$
\begin{cases}
X = S \cdot \cos\alpha \cdot \cos\beta \\
Y = S \cdot \sin\alpha \cdot \cos\beta \\
Z = S \cdot \sin\beta
\end{cases}
\tag{3.120}
$$

　　三维激光扫描系统工作原理的核心是激光测距原理,上述公式中仪器到目标物体的距离 S 就是根据激光测距原理计算得到的,根据激光测距方式的不同具体分为脉冲式激光测距、相位式激光测距和三角法激光测距。

　　(1) 脉冲式激光测距

　　脉冲式激光测距的原理是根据激光脉冲从发射到被三维激光扫描仪再次接收的时间间隔,测定仪器到目标物体之间的距离。具体是由三维激光扫描仪中的激光脉冲发射器发射激光,经过反射棱镜,使激光脉冲照射目标物体,然后利用激光接收器接收从物体表面反射回来的激光脉冲,通过激光脉冲往返一次的时间间隔 t 计算距离,计算公式为:

$$
S = \frac{1}{2} \cdot c \cdot t
\tag{3.121}
$$

式中，S 是扫描仪到目标物体的距离，c 是光在空气中传播的速度，t 是激光脉冲往返一次的时间间隔。

（2）相位式激光测距

相位式激光测距的原理是利用无线电波调制激光束的波长和振幅，通过测定扫描仪器发射激光至接收激光信号间的无线电波相位延迟，进而根据调制激光的波长计算相位差 ϕ，获取仪器到目标物体的距离 S，计算公式为：

$$S = \frac{1}{2} \cdot c \cdot \frac{\phi}{2\pi f} \tag{3.122}$$

式中，S 是扫描仪到目标物体的距离，c 是光在空气中传播的速度，ϕ 为相位差，f 为激光脉冲的频率。

（3）三角法激光测距

三角法激光测距是以三角形的几何关系为测距原理，对扫描中心与目标物体之间的距离进行计算。方法是将一束激光经过发射透镜后照射到目标物体表面上，由物体表面散射的光线通过接收器接收，形成一个散射的光斑，该散射光斑的中心位置由仪器与被测目标物体之间的距离决定，因此通过对这个光斑的光点信号处理就可以获取扫描仪与目标物体间的距离信息。

3.5.1.2   系统分类

随着三维激光扫描技术发展日渐成熟，三维激光扫描系统根据其测距原理、测量平台、操作方法、厂商品牌的差异可以有不同的分类标准。三维激光扫描系统按照操作方法大致可以分为以下四类：

（1）机载型激光扫描系统

这类系统在小型飞机或直升机上搭载，由激光扫描仪、成像装置、定位系统、飞行惯导系统、计算机及数据采集器、记录器、处理软件和电源构成。它可以在很短时间内获取大范围的三维地表数据。

（2）地面型激光扫描系统

此种系统是一种利用激光脉冲对被测物体进行扫描，可以大面积、快速、高精度、大密度地取得地物的三维形态及坐标的一种测量设备。根据测量方式还可划分为两类：一类是移动式激光扫描系统；另一类是固定式激光扫描系统。所谓移动式激光扫描系统，是基于车载平台，由全球定位系统、惯性导航系统结合地面三维激光扫描系统组成。固定式的激光扫描系统类似传统测量中的全站仪，系统由激光扫描仪及控制系统、内置数码相机、后期处理软件等组成。与全站仪不同之处在于固定式激光扫描仪采集的不是离散的单点三维坐标,而是一系列的"点云"数据。其特点为扫描范围大、速度快、精度高、具有良好的野外操作性能。

(3) 手持型激光扫描仪

此类设备多用于采集小型物体的三维数据,一般配以柔性机械臂使用。其优点是快速、简洁、精确,适用于机械制造与开发、产品误差检测、影视动画制作。它由磁场定位系统和激光扫描系统组成。磁场定位系统包括磁场发射器和磁场接收器,激光扫描系统包括激光发射器和激光接收器。当激光扫过物体表面时,两个摄像头和激光扫描点之间构成一个三角形,根据三角测距原理,可以计算出扫描点与扫描仪之间的距离。同时,根据磁场接收器收到的磁场发射器的电磁信号,确定激光扫描仪在整个空间中的位置和姿态。这样,就能计算出扫描点的坐标。因此,在扫描过程中只要保持物体和磁场发射器的相对位置不变,系统本身就可以对扫描得到的几何数据进行自动配准。

(4) 特殊场合应用的激光扫描仪

如洞穴中应用的激光扫描仪在特定非常危险或难以到达的环境中,如地下矿山隧道、溶洞洞穴、人工开凿的隧道等狭小、细长型空间范围内,三维激光扫描技术亦可以进行三维扫描,此类设备如 Optecah 公司的 Cavity Monitoring System 可以在洞径狭小的空间内开展扫描操作。

3.5.1.3　技术应用

三维激光扫描技术的应用不是简单的商业问题,而是深刻的应用技术跨越。其应用领域已涵盖测绘、建筑、文物、考古、航天、航空、船舶、制造、军工、军事、石化、医学、电力、交通、机械、影视、汽车、公安、市政建设等各个方面。尤其是在应急测绘、建筑与文物保护、地面景观形体测定、三维可视化模型建立、变形监测等领域均取得了应用成果。下面分类加以介绍。

(1) 测绘工程

针对某些小区域、地形复杂且人员通行困难等实际场景,如果采用全站仪内外业一体化数字成图或数字摄影测量方法往往因工期与成本因素,无法较好满足工作需求。采用三维激光扫描这一非接触测量方式,可以极大地解决通行问题,既能保证成图精度要求,又能提高工作效率。尤其是将三维激光扫描技术与 GPS 技术相结合可以获取精细化的地形图。研究结果表明:该方法可以满足大比例尺测图精度要求。

(2) 工业与矿业测量

对于复杂的工业设施、广场、车站测量 化工厂、炼油厂、核电站、运输站场等工矿企业,管线林立,错综复杂,用激光扫描仪分段扫描,获得三维点云数据,用软件将点云数据拼接、合并、建模,可生成三维可视化模型或图件。

对于带状地形图测量、地面景观形状测量,可以分段扫描局部带状地区,拼接合并生成带状影像图,转换至国家或城市坐标系中,生成带状地图。主要用于线路两旁(铁路、公路、河流两岸等)局部不规则带状图测量。对于矿山测量,该技术可用于矿山开挖方面的应用,尤其是一些危险区域人员不方便到达的区域,如露天矿爆破分析、土方计算、边坡稳定监测、开挖洞口定位分析等测量需求。

(3)建筑与文物保护

大型考古测量要综合利用空间遥感信息,诸如航空摄影、卫星照片、多光谱卫星遥感影像、机载雷达影像等,对地面考古遗址开展无损探测和识别。同时结合地球物理探测技术和常规田野考古手段,勘探、发现考古遗址,进行考古测绘、文物保护、考古研究。三维激光扫描技术的发展为考古测量提供了崭新的手段。这方面较完整的应用有:馆藏大型遗址——秦兵马俑二号坑三维建模,故宫太和殿古建筑保存及修缮测量,长城资源调查,以及鸟巢和国家体育馆测定等。

(4)生物医学测量

该领域应用的扫描仪属近距离的微米级仪器装备。特点是测距短(<4 m),测距精度高(<1 mm),可达 0.005~1.5 mm 的高精度值。该技术可应用于外科整形、人体测量、矫正手术及馆藏珍贵文物的高精度扫描建模。

(5)紧急服务业

反恐怖主义、陆地侦察和攻击测绘、监视、移动侦察、灾害估计、交通事故正射图、犯罪现场正射图、森林火灾监控、滑坡泥石流预警、灾害预警和现场监测、核泄漏监测。

3.5.1.4　技术特点

三维激光扫描技术又称"实景复制技术",是一种非接触式测量技术,突破了传统的单点测量技术,它的应用领域和范围必将随着研究的深入而向深度和广度发展。相对于传统的监测技术,三维激光扫描技术具备以下优点:

(1)数据扫描的非接触性

地面三维激光扫描仪在进行扫描、采集数据时不需要接触目标,就可快速、准确地获取实物的三维信息,基于此优点,应用它将解决在隧道等施工条件恶劣的、难以接触的、工作人员无法企及的目标测量等问题,非常适合在危险区域进行测量作业,这是传统的监测方法难以完成的技术优势。

(2)扫描密度高

采集数据时,可以根据所需要的"点云数据"的用途,自行设定采样点间隔对物体进行不同精度的扫描,只是扫描间隔过小,扫描所需的时间略长,因此相对于传统单点监测方法实现了对物体进行更为完整、精确的测量。

（3）扫描的精度高

受到采样点数据、扫描距离等影响因素,中远距离激光扫描仪获取的点云数据其单点精度一般可达预想精度,根据测量目的不同,可选用不同精度的扫描设备。三维扫描技术在单点精度上虽还无法与全站仪相比,但模型化精度较单点精度有很大提高,目前扫描仪的模型测量精度可以达到 2 mm。

（4）获取点云数据速度快

目前,岩体的监测工作通常需要获取大量的数据,快速完成大面积的监测工作尤为重要。三维激光扫描仪能够快速地扫描大面积的目标,瞬间快速地获取测量形体表面海量的空间数据信息,大大地提高了监测工作的效率。目前扫描点采集速率可以达到每秒数千点到每秒数十万点数据。

（5）扫描方式具有主动性、实时性、动态性

三维激光扫描技术主要依靠主动发射激光束来完成监测,因而不需要外部光线,可以全天候主动地数据采集,并且由于激光具有穿透性,这使得获取的点云数据对于目标物体的不同层面的几何信息的扫描成为一种可能,而且由于地面三维激光扫描仪扫描、获取数据的速度快,则使得其获取的三维空间数据具有实时、动态的特征,并且它的这种主动式扫描方式,使得野外的监测工作的进行不受时间与空间的限制,可以随时、随地完成扫描。

（6）扫描的全数字化、可视化

通过三维激光扫描仪扫描获取的"点云数据",包含了采集目标点的三维坐标信息以及其他信息,并可以方便转换成和其他软件平台的数据格式。应用软件还可以对根据点云数据建立的三维模型进行多视角观察,方便处理和加强了模型的精细化。

（7）扫描过程的自动化

激光扫描系统不仅可以直接获取目标体的距离,而且扫描过程非常容易控制,可实现成果的自动化显示输出,具有良好的可靠性。

（8）提高实测物体的精度、减弱散焦效应

拥有同步变化视距的激光自动聚焦功能,这就更有利于模型的建立,而且非常接近实体原形。

针对三维激光扫描系统的以上优点,可以方便地将其应用到工程监测中来,对测量工作是一个重大的推进。虽然其具有以上优点,但由于仪器本身的特点,也有许多不足之处。

对于三维激光扫描仪的技术特征,其校验系统属于黑箱系统,在使用过程中很难校验,因此其价格非常昂贵,在测量仪器中属于高档仪器设备;外业操作工作简便、快速,内

业数据的后处理却费时费力;针对获取的点云数据,在后处理的过程中,软件形式多种多样,没法统一,各厂家的软件兼容性差,将给后续的点云数据的处理以及建模工作带来很大的不便和困难;根据三维点云数据,建立的模型中各要素的两侧性较弱,可能影响后期的处理。

3.5.2　点云数据处理算法

点云数据处理流程主要步骤为:点云数据的获取、点云数据的预处理、模型构建与纹理映射等。其中预处理包括数据的配准、去噪、精简、分割等。流程图如图 3-23 所示。

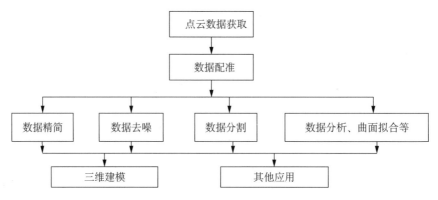

图 3-23　数据处理流程

3.5.2.1　数据配准

点云数据配准,也称点云数据拼接。由于激光扫描仪在单一视角下只能扫描到物体的一部分点云数据,不能覆盖整个空间对象。所以在为较大对象(如一个大型建筑物或者一棵大树)激光扫描时,需要从多方位不同视角扫描,也就是需要架设多个测站点,才能把物体扫描完整。每个测站点都会有其独立的坐标系,要获得完整的数据必须将所有测站点数据转换到同一坐标系下,这就需要点云拼接。本节介绍四种常见的应用于三维点云数据配准的方法,包括迭代最近点算法、采样一致性初始配准算法、四点快速匹配算法和正态分布变换算法。

(1)迭代最近点算法

迭代最近点算法(Iterative Closest Points Algorithm,ICP)于 1992 年被 Besl 和 Mckay 联合提出,ICP 算法的实质是一种基于最小二乘算法的最优匹配路径,它不断地进行"确定源集与目标点集之间的对应点—计算源点集与目标点集之间的刚性变换"的过程,直到达到了预先设定的某一阈值。它能够提高配准的效率,并且提升配准的精准度,为后续基于迭代的配准算法的发展提供了基础理论和框架。ICP 的算法流程如下所示：

1）迭代初始化，将源点集与目标点集作为 ICP 算法的迭代初始点集。

2）对于源点集之中的每一个点，在目标点集之中寻找与该点欧氏距离最近的点，作为该点在目标点集之中的对应点。

3）根据四元素数学解算法或者奇异值解算方法计算源点集与目标点集之间的旋转平移变换矩阵以及经过刚性变换矩阵变换后两个点集之间的相对误差，即

$$d_i = \sum \| R_{p_i} + T - q_j \| \tag{3.123}$$

4）按照该刚性变换矩阵对目标点集与源点集进行旋转平移变换之后，更新迭代初始条件，将上一次迭代之后的位置作为新的源点集与目标点集之间的位置。

5）计算新的迭代之后的源点集与目标点集之间的旋转平移变换矩阵以及经过刚性变换矩阵之后，新的迭代误差即 $d_{i+1} = \sum \| R_{p_{i+1}} + T - q_{j+1} \|$

6）设定迭代终止条件，计算两次迭代之后的误差之间的差值，当两次迭代之差 $d_i - d_{i+1} \leqslant \tau$ 时，迭代终止，否则继续进行下去。

（2）采样一致性初始配准算法

采样一致性初始配准算法（Sample Consensus Initial Alignment，SAC-IA）是由 Rusu 等人于 2009 年为了使两片点云数据进入局部非线性最优控制器的收敛域而提出的。SAC-IA 算法内部分为两部分，即贪婪的初始对准方法和采样一致性方法。该算法通过对点云数据进行变换至收敛域，来为 ICP 算法的精细配准提供一个较好的初始位置，故常用于点云数据的粗配准。该算法的流程图如图所示，假设两个初始点云分别为 P 和 Q，d 表示用户设定的最小值，T 为刚体变换矩阵，其中错误度量 Huber 评价公式如下：

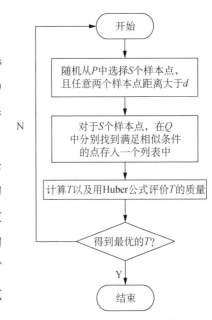

图 3-24　SAC-IA 算法流程

$$L_h(e_i) = \begin{cases} \dfrac{1}{2}e_i^2 & \| e_i \| \leqslant t_e \\ \dfrac{1}{2}t_e(2\| e_i \| - t_e) & \| e_i \| > t_e \end{cases} \tag{3.124}$$

（3）四点快速匹配算法

2008 年，Dior Arger 等人提出四点快速匹配算法（4-Points Congruent Sets Algorithm，4PCS），该算法可以处理未经加工的含噪声数据，该算法的复杂度为 $O(n^2+k)$，其中 n 是候选点的数量，k 是 4 点集合的数量。在具体试验中，当噪声很低且两片点云有足够多的重合时，算法复杂度为 $O(n+k)$，综上，4PCS 算法是一种更高效，更具鲁棒性的点云配准算法。4PCS 算法的原理如下：首先在获取的点云数据中随机选出 3 个点，形成一个面，然后在这个面上选择第四个点，使得四个点近似位于同一个面，构成一个广域基 $B \subset P$，在这里需要注意的是，为获得比较稳定的匹配，四个点中两两的距离应满足一定条件。其最大距离可以用重叠区域 f 来估算。如果 f 的估算无法满足设定阈值的要求，那么就利用递减的方法将最大值试凑出来，直到满足预定的误差偏差。提取 Q 上所有有可能与 B 在一个近似限制 δ 下全等的 4 点子集，形成对应基，存入 $U \equiv \{U_1, U_2, U_3, \cdots, U_S\}$ 中。然后利用每一个 U_i 中对应基之间的相互关系来计算得到刚体变换矩阵 T_i，再根据求得的 T_i 求出 S_i，其中 S_i 应满足 $d(T_i(P), S_i) \leqslant \delta$，且 $S_i \subset Q$，其中 d 表示距离。最后找出集合 S_i 中点个数最多的集合 S_k。然后对 S_k 进行判断，若 S_k 中点个数大于 h（h 为经变化后两个集合达到阈值极限匹配的点的数目）则将 S_k 中点个数给 h。然后利用相同的方法测试 L 个不同的基，选出最优的刚体变换 T_{pot}。4PCS 算法流程如图 3-25 所示。

（4）正态分布变换算法

正态分布变换算法（Normal distribution Transform Algorithm，NDT）的中心思想是将观察到的一定范围的点云用高斯概率分布表示。首先把一个三维点云数据集划分成均匀规则的固定大小的三维单元格（立方体），然后对包含一定数量点的每个三维体素单元，通过正态分布表示体素单元中每个三维点位置测量样本的概率分布，X 的概率密度函数如下：

$$p_x = \frac{1}{c} \exp\left[-\frac{(x-q)^T C^{-1} (x-q)}{2}\right] \tag{3.125}$$

式中，q 为包含点云 x 在内的体素单元中的均值向量，C 为包含点云 x 在内的素单元中的协方差矩阵，c 为常量。每个体素单元格中的 q 和 C 可以定义为

$$q = \frac{1}{n} \sum_{i=1}^{n} x_i$$

$$c = \frac{1}{n-1} \sum_{i=1}^{n} (x_i - q)(x_i - q)^T \tag{3.126}$$

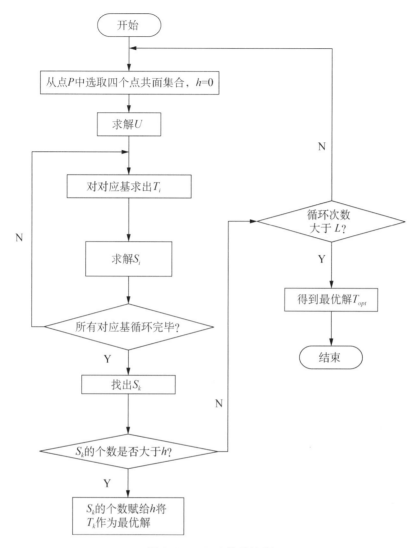

图 3-25　4PCS 算法流程

式中，x_i（$i=1,2,\cdots,n$）为体素单元格中的所有点云。具体算法如下所示：

1）创建第一个点云数据正态分布变换；

2）使用里程计信息初始化坐标转换参数；

3）对于第二个点云中的每一个样本，根据这些坐标变换参数，将其映射到第一个扫描坐标系中；

4）计算每一个映射点的相应正态分布；

5）将每个映射点的概率分布之和作为每个坐标变换参数的分数值 $s(p)$ 进行评估；

6）使用 Hessian 矩阵法对这些分数值 $s(p)$ 进行优化，即求出 $-s(p)$ 的最大值；

7）判断是否满足收敛的要求，若满足则停止算法，否则转 3）。

在第 5)步中,求取 $s(p)$ 的公式如下:

$$s(p) = \sum_{i=2}^{n} p\left[T(p,x_i)\right]$$

$$= \sum_{i} \exp\left[-\frac{(x_i'-q)^T C^{-1}(x_i'-q)}{2}\right] \tag{3.127}$$

式中,x_i' 为 x 根据变换参数 p 映射到第一个激光扫描对应机器人坐标系下的坐标,q 和 C 分别表示 x_i' 对应的均值向量和协方差矩阵。三维变换向量 $T(p,x)$ 可表示为

$$T(p,x) = \begin{bmatrix} tr_x^2 + c & tr_x r_y - sr_z & tr_x r_z + sr_y \\ tr_x r_y + sr & tr_y^2 + c & tr_x r_y - sr_x \\ tr_x r_z - sr_y & tr_y r_z + sr_x & tr_z^2 + c \end{bmatrix} \tag{3.128}$$

式中 $p=[t\,|\,r\,|\,\varphi]$,$t=[t_x,t_y,t_z]$,$r=[r_x,r_y,r_z]$,$s=\sin\varphi$,$c=\cos\varphi$。第 6)步中通常把优化问题描述成最小化问题,因此把问题变换为求 $s(p)$ 最小。在此利用 Hessian 矩阵并使用牛顿迭代法对 $s(p)$ 求最小值。令 $f=s(p)$,为了使函数 f 最小,在每次迭代过程中要处理以下方程:

$$H\triangle p = -g \tag{3.129}$$

式中 g 为 f 的转置梯度,其元素可表示为

$$g_i = \frac{\partial f}{\partial p_i} \tag{3.130}$$

H 为 f 的 Hessian 矩阵,其元素可表示为:

$$H_{IJ} = \frac{\partial^2 f}{\partial p_i \partial p_j} \tag{3.131}$$

相比较于 ICP 算法,3D-NDT 算法在很大程度上降低了配准算法的运行时间,而且降低了试验误差,提高了试验精度。但应用到一个场景范围大、点云密集程度高的场景中,配准过程耗时长的问题依然不能忽略。

3.5.2.2　数据去噪

在利用三维激光扫描仪获取点云数据的过程中,会受到扫描设备、周围环境、人为扰动甚至扫描对象表面材质的影响,得到的数据或多或少存在噪声点,得到的数据不能正确地表达扫描对象的空间位置。噪声点主要分为三类:第一类噪声点是由于物体表面材质或者光照环境导致反射信号较弱等情况下产生的噪声点;第二类是由于在扫描的过程中,

难免有人、车辆或者其他物体从仪器与扫描物体之间经过而产生的噪声点,这属于偶然噪声;第三类是由于测量设备自身原因,如扫描仪精度、相机分辨率等由测量系统引起的系统误差和随机误差。点云数据去噪光顺算法几乎都是建立在对局部的突出特征等信息进行分析并加以设计的基础上,依赖于当前各个采样点的邻域点集的几何特征信息和拓扑连接信息,如采样点的 K-邻域、法矢方向、曲率等。目前运用最为广泛的是 Laplace 滤波算法、平均曲率流算法、双边滤波算法。

(1) Laplace 滤波算法

Laplace 算法思想是通过算子的多次迭代,一步一步地将当前采样点置于邻域的重心处,以这种形式把噪声所聚集的能量分散,传递给邻域中的其他点来达到去噪的效果。该滤波算法无论是从时间还是内存空间上都是比较快速、有效的,尤其适合于大规模的点云数据三角网格模型。对点模型应用该算法,发现虽然该算法速度较快,但是对于那些数据点密度不均的模型表面以及采集到的模型中已含有噪声的点云数据,在当前采样点邻域的重心又与邻域结构中心相偏离的情况下,当迭代次数增加后,会造成该点偏离原来的位置向点云密集处漂移,顶点有可能沿切平面移动以致模型表面的突出特征出现被损伤的情况。由于以 Laplace 滤波理论为基础的网格去噪算法实际上也是一种对连续曲面的能量最小化的求解,所以过程中会出现算法使得模型收缩的情况,以致给后续处理带来偏差。Vollmer 等用 HC 算法对上述算法的收缩变形做了处理性的改进,使得能够控制数据点收缩的速度,然而这并没有从根本上解决收缩问题。

(2) 平均曲率流算法

Desbrun 提出了基于平均曲率流的三角网格光顺去噪算法:首先从顶点的局部邻域所蕴含的几何信息估算出法向量、曲率,然后将顶点在法向量方向上移动使其回到模型表面上。在这个算法中平均曲率方向的顶点估计方式:

$$H(v_i) = k_h n_i = -\frac{\nabla A}{2A} = -\frac{1}{4A} \sum_{j \in N_i} (\cot\alpha_j + \cot\beta_j)(x_j - x_i) \qquad (3.132)$$

其中 k_h 为平均曲率,$e_{ij} = x_j - x_i$,α_j 和 β_j 是 e_{ij} 在两个相邻的两个三角形中的对角,A 是围绕 x_i 的三角形面积。要对顶点进行调整,主要是在两个方向上——法向量方向和切向量方向,这两个方向的向量属于两个正交分量。在降噪过程中,如果顶点在切向方向上进行调整,那么顶点会逐渐偏离原始模型表面,这样就无法达到去噪的效果反而会增强噪声。将采样顶点在法向上以局部曲面的平均曲率为速度移动该顶点到平滑曲面表面,以达到去噪的效果。Lange 等人基于点云模型提出了有关运用平均曲率流的具有各向异性的降噪算法。

(3) 双边滤波算法

在图像处理中,保持轮廓特征的双边滤波函数的应用扩展到了空间网格模型表面的降噪领域。Jones 等人在分析了双边滤波函数后提出了一种既能保持模型的突出几何特征信息,又不造成大的计算量的非迭代双边滤波算法。该方法虽然能够通过对当前采样顶点的邻域的范围进行控制,以确保对网格模型特征的保持,并且其应用可以扩展到更为复杂的点模型表面以及非流形曲面,但其弊端是:当顶点的近邻范围选择过大时,处理过程中相关的计算量比较大,而且需要较长的时间来确定其邻域;当顶点的近邻范围选择过小时,则对一些较大噪声起不到去噪的效果,甚至还有可能进一步增强噪声。由于双边滤波算法主要依赖于局部邻域几何特征信息,所以当噪声的存在使得对局部几何特征的估算缺乏应有的正确性时,整个算法就失去了意义。杜小燕等人提出改进的邻域自适应双边滤波算法,通过为模型表面所有的采样点依次自适应地选定相应的 K-邻域,然后通过利用该邻域内的点所蕴含的特征信息达到对模型表面噪声的去除和平滑,不仅获得了很好的去噪光顺效果,也使得算法的时间要求大大降低,从而进一步改进了已有的双边滤波算子:

$$D = \frac{\sum_{k_{ij} \in N(t_i)} W_{\sigma_r}(\parallel t_i - k_{ij} \parallel) W_{\sigma_s}(\parallel <\overrightarrow{n_i}, \overrightarrow{n_{ij}}> \parallel) <\overrightarrow{n_{ij}}, t_i - k_{ij}>}{\sum_{k_{ij} \in N(t_i)} W_{\sigma_r}(\parallel t_i - k_{ij} \parallel) W_{\sigma_n}(\parallel <\overrightarrow{n_i}, \overrightarrow{n_{ij}}> \parallel)} \tag{3.133}$$

其中 $N(t_i)$ 表示 t_i 的 k 个邻域点,k_{ij} 则是 t_i 的局部邻域中的任意一点,$\overrightarrow{n_i}$、$\overrightarrow{n_{ij}}$ 分别是点 t 和邻域点 k_{ij} 相应的法方向。W_{σ_r}、W_{σ_n} 为 σ_r、σ_n 标准差的表示点与点在空间距离和法向夹角上对滤波函数产生影响的因子,这种算法的改进不仅去除了噪声同时还保持了模型中的细小的几何特征。

3.5.3.3　数据精简

数据精简就是在精度允许下减少点云数据的数据量,提取有效信息。针对数据量很大的点云数据,常用的数据精简方法有包围盒法、随机采样法和曲率精简法。

（1）包围盒法

包围盒法是一种传统的点云数据精简算法,它的工作原理为:构建一个包含所有点云数据的包围盒,并将其分解成若干均匀大小的小包围盒,选取最靠近中心的点来代替小包围盒所有的点以达到精简点云数据的目的,并通过控制小包围盒的大小来控制精简结果。该方法简单高效且容易实现,是一种简单的基于空间准则的精简算法,对表面不复杂和曲率变化不大的物体的点云数据的精简很效。精简后的点云比较均匀,能够反映简单模型的轮廓特征,但是当物体表面有大曲率曲面时,精简曲面将不能很好地保持原有的模型特征,也无法确保精简的精度,主要适用于模型表面的形状相对简单且对精度要求不高的场合。

（2）随机采样法

随机采样法的基本思路是：针对散乱的点云数据设计一个随机函数，使其产生的随机数能够覆盖点云分布的所有范围，然后依据随机数将点云数据中与之对应的数据点以相等的概率予以删除，直到点云数据中剩余的点数达到精简要求。该方法对于海量点云数据有较高的精简效率，实现过程简单高效，运行速度快，但是没有考虑到点云空间的具体特征和细节，容易丢失原始模型的空间几何特征，而且随机函数的随机性导致每次运行后的精简效果都不一致，从而点云数据的精简结果无法控制。因此，该方法在点云模型要求较高的实际应用中有很大局限性，主要作为其他精简算法的补充方法，对点云数据进行后续的精简操作。

（3）曲率精简法

曲率精简法是以数据点的曲率为依据，在曲率大的区域精简少量点，以保留足够多的点来表达模型的几何特征，而在曲率相对较小的区域精简较多点以减少数据点的冗余。这是因为点云模型的曲率大小对应模型的几何特征分布，表示点云模型的内部属性：对于曲率大的区域，模型表面的变化相对剧烈，特征比较明显；而在曲率较小的区域，模型表面的变化相对平缓，特征相对不明显。因此，该方法在删除冗余数据的同时，能尽量保留点云模型的细节特征，实际应用中可以采用反映曲率变化的曲面特征参数作为点云精简的判别准则。相比其他点云精简算法，曲率精简法的优点在于既能够准确地保留原始模型的细节特征信息，又能有效地减少冗余的数据点，但是该方法存在曲率计算过程较为复杂、算法运行耗时长和对计算机的性能要求高等缺点。此外，在曲率较小的区域，该方法会删除较多的数据点；在待删除的数据点的选择上，该方法并没有遵循均匀精简的规则，会造成局部空洞现象。

3.5.3.4　数据分割

点云分割是通过一定的方法，将使用特定设备获取到的杂乱无章的点云数据，分割成若干个互不相交的子集，每一个子集中的数据具有基本相同的属性特征或一定的语义信息，这样的话，在场景理解或虚拟重建时，能将这些点云数据视为一个独立物体上的数据，如此处理，就可以方便地确定目标的形状、大小等属性特征。目前用于点云分割的主要方法有 5 种：基于边缘的分割算法、基于区域增长的分割算法、基于属性的分割算法、基于模型的分割算法和基于图的分割算法。

（1）基于边缘的分割方法

物体的边缘线条能够简单地勾勒出其形状特性。基于边缘的点云分割算法，通过检测边缘区域即点云强度快速变化或者表面法向量急剧变化的区域，勾勒出点云数据中隐藏的边缘信息来得到分割区域，它通过计算点云数据的梯度信息、检测单位法向量的方向变化来检测点云数据边缘。基于边缘的分割算法原理简单、分割速度快,在早期车牌识别、机场快速安检、机场跑道识别等领域有较好的应用,但是由于受噪声和点云的密度影响较大,算法的分割精度较低,不适合处理复杂的点云数据。

(2)基于区域增长的分割算法

基于区域增长的点云分割算法是在邻域范围内,将具有相同属性的点结合组成孤立区域,同时保证其余周围区域的差异性最大。与基于边缘分割算法相比,基于区域增长的算法抗噪声能力强,但因为其无法得到确定的分割边缘,因此易产生过分分割或者分割不足的结果。基于区域增长的分割算法以种子曲面作为种子起点,通过相似度(如接近程度、坡度、曲率和曲面法向量等)度量,对各个种子曲面周围的离散点云进行分组,从而使种子逐步扩展到更大的曲面片。

(3)基于属性的分割算法

基于属性的分割算法是一种利用点云的特征属性进行聚类的分割算法。在该算法中,每个点都对应一个特征向量,该特征向量内包含了若干个属性不同的特征值。基于属性的分割算法是一种比较稳定的分割算法,它在特征空间中实现不受点云空间关系的影响。特征空间和聚类方法的选择很大程度上决定了算法的性能,且点云密度变化对算法影响较大,在处理大规模复杂分布的点云数据时,时间复杂性也大。

(4)基于模型的分割算法

基于模型的分割算法利用原始几何形态的数学模型(例如平面、圆柱体、圆锥体、球体等)作为先验知识进行分割,将具有相同数学表达式的点云数据归入同一区域。基于模型的分割算法以数学原理为基础,算法处理速度快,而且对于噪声点和异常点不敏感。这类算法的主要限制是无法处理大规模复杂场景下的点云数据。

(5)基于图的分割算法

基于图的分割算法利用点云数据构造图结构,每个点云在图中对应一个顶点,两个顶点之间的边连接相邻两个点云数据。每条边都被分配一个权重,用它来表示点云数据中一对点的相似性。在分割的过程中需保证不同分割区域之间相似性最小,而同一分割区域上相似性最大。基于图的分割算法可以处理大规模复杂场景的点云数据,特别是对于带噪声或者点云密度分布不均匀的点云数据分割效果很好。然而,这类算法通常无法实现实时处理。

3.5.3　二维与三维成图方法

3.5.3.1　二维成图方法

基于三维激光扫描技术绘制地形图的主要作业流程包括外业数据采集、数据的预处理、点云的识别、边缘信息的检测、去噪、地物的提取与绘制、非地貌数据的剔除、等高线的生成、地物与地貌的叠加编辑等。通过相应的软件,即可对点云数据进行成图,本节选择 AutoCAD2013 安装 Clone 软件的 CloudWorx 插件,制图软件为 CASS7.0 进行成图,地形图主要制作过程如下:

（1）点云数据采集

三维激光点云数据绘图法的核心环节就是点云数据的收集工作,后期工作能否顺利进行主要受到点云数据收集质量的影响。首先选择的设备要符合项目的需求,地形图的比例尺不同需要测量精确度也各不相同,选择测量设备的精度一定要符合大比例尺地形图测绘的要求。移动车载扫描测量设备在进行移动的时候要保证时速不能过快或过慢且匀速行驶,遇到前行道路比较宽阔的时候,要在不同的车道进行多次扫描,预防因为距离问题导致点云密度较低的情况出现,收集点云数据时一定要控制点云的密度。

（2）点云数据预处理

点云数据预处理见上文,此处不再赘述。

（3）提取地物特征点与特征线要素

在软件中导入预处理后的测区点云数据,选择俯视状态视图。由于软件的一些默认设置原因,导入 AutoCAD2013 中的点云数量显示过少,需在工作空间中重新生成视图,重新生成点云数据,使显示更加清晰。利用 AutoCAD2013 软件提供的样条曲线工具等功能命令绘出道路、房屋等地物的特征点与特征线要素。

（4）地形图绘制与编辑

在 AutoCAD 软件中手工提取地物特征点线后,以 DXF 的格式输出,然后在 CASS7.0 软件中打开文件,依据地物特征点线按照比例尺要求绘制地物符号。由于点云数据导入至 AutoCAD2013 中部分点云数据缺失,造成路灯、井盖等局部地物要素无法精确提取。在 Clone 软件中打开点云数据,提取所需地物点的平面坐标,在 CASS7.0 软件中通过输入坐标法确定特殊地物点的位置,再选择相应符号绘制,最后添加文字注记信息,在 CASS7.0 软件可完成地形图的整饰。

3.5.3.2　三维成图方法

点云数据处理及建模成图软件有很多,如 Imageware、Polyworks、AutoCAD、3DMAX 等,不同的软件都有各自的适用性。如 Imageware、Polyworks 有强大的点云数据预处理功能,适用于曲面建模以及较复杂实体建模,而 AutoCAD、3DMAX 等软件则更适用于较规则物体建模,3DMAX2017 中所带插件 Autodesk Recap 能识别大部分点云格式,这也为 3DMAX 建模提供了良好条件。点云数据经过预处理之后,就可以三维建模成图,建模主要包括三个步骤:提取轮廓线、几何建模和纹理贴图。

（1）提取轮廓线

本节利用 AutoCAD 的插件 Kubit Pointcloud 工具提供的分层切片技术来提取建筑物等轮廓线。首先，对点云数据以切片的形式分层，再对切片数据进行曲线拟合，从而提取出主要轮廓线。但是当遇到细节特征丰富的情况时，所提取的轮廓线就不能准确表达现实中建筑物真实形态结构，会存在一些偏差。这时就要借助图片等其他辅助数据进行提取。

（2）几何建模

在三维几何建模时，将提取出来的轮廓线导入 3DMAX 软件中，借助轮廓线进行几何建模。在几何建模过程中，通常把属于一个整体的部分作为一个群组，这样也便于后期的纹理贴图；把构造相同的部分作为一个组件，生成组件库，此后就不需要重复建模；而对于那些能展现其特点的局部组件以及不规则组件要实施个性化建模。之后统一各部件的坐标系，这样将它们导入后就可以组成一个完整的三维模型。对于组件与组件之间出现的缝隙和空洞，需要手动进行修正，避免产生部件交叉、重叠或者悬浮现象。针对扫描死角（如屋顶上的隐藏部位等）需根据影像数据进行建模。

（3）纹理贴图

纹理映射是生成真实感三维模型的关键步骤，纹理贴图是三维实体的表面所呈现的材质信息。在建筑物的三维几何模型的基础上，将其表面赋予现实的纹理可使建筑物模型更加真实。通过映射可以增加模型的质感，完善模型的造型，使制作的模型更加真实。本书简要介绍利用 Photoshop 软件处理纹理影像。通过该软件对纹理进行剪切、扭曲、变换及镜头校正等步骤，将纹理修改为"正面"纹理；利用印章、画笔等工具消除纹理中的杂质点；应用亮度、对比度、色彩平和、颜色替换等工具统一纹理的色调；当纹理较大时，在上述处理的基础上进行各个部分的纹理拼接及接缝处理；依据模型对纹理的整体比例进行调整；对于部分透明的纹理应在 Photoshop 中添加 α 通道并将其保存为 tga 格式或 tiff 格式。在 3DMAX 中进行纹理贴图时，可通过调整纹理的 U/V 参数使纹理的大小与几何表面相对应。图 3-26 展示了利用软件对模型进行纹理映射与可视化。

图 3-26　点云数据三维建模实景图

3.6　本章小结

　　本章紧扣国内大比例尺快速成图的现实需求与制约小区域快速成图目标实现的精度与效率的相互影响,从空地两方面展开研究探讨。针对长期困扰无人机航测成图精度与效率的问题,重点研究了机载传感器改进技术、稀少控制点下的后差分 GPS 辅助空三技术、轻小型机载 POS 辅助空三技术,系统地总结了无人机航摄相机改进及配置的关键,提出了基于超轻型 POS 的一体化相机集成设计方案;针对地面定位复杂环境以及 GPS 信号盲区严重影响测图的问题,重点研究了 GPS/TS 组合定位技术与 FOG/TS 组合定向技术,提出了 GPS/TS/FOG 组合快速测绘理论与算法实现;针对复杂环境下 GPS/TS 仍然定位困难并严重影响测图效率问题,研究了三维激光扫描快速成图技术及其应用,为真正实现空地一体化快速成图目标扫清障碍,也为第四章的系统集成开发做了理论和技术上的铺垫。

第四章 空地一体化快速成图系统集成开发

本书第二章与第三章分别研究了空地一体化快速成图系统的总体架构以及涉及的多项关键技术与核心算法。但对于测绘生产一线人员而言,了解和掌握这些晦涩的技术细节较为困难,而且实际意义不大。为了让空地一体化的快速成图技术真正有效地投入应用,需要对相关技术与算法进行集成和封装。同时面向实际需求,针对用户特点,研制开发出简单实用的软硬件系统。

空地一体化快速成图系统涉及无人机航测成图子系统与地面 GPS/TS/FOG 数字化测图子系统。其中无人机航测成图子系统本身是一个综合性的技术领域,涉及多方面的关键技术。本书第三章从机载影像传感器改进以及超轻型 POS 辅助空三技术两方面开展研究与试验,实质上是将最新传感器技术、GPS 定位技术、惯性导航技术(INS)集成应用于无人机航测成图子系统中。因此,本章不再涉及无人机航测成图子系统的集成研究,而将重点放在基于无人机图件成果的地面 GPS/TS/FOG 数字化测图系统集成开发,以实现快速成图的目标。

鉴于此,本章将对系统首先进行需求分析与集成方案研究,在此基础上对系统集成中的关键技术问题,如无人机图件高效压缩与实时显示、基于 GSM 网络的 GPS/TS 组合定位系统的实现、FOG/TS 安装设计与定向软件开发等进行逐一解决与实现;对系统集成中的硬件设备进行改造与升级,使之进一步保障系统集成的可靠性和实用性。

4.1 概述

基于第一章不难看出,当前测绘保障服务已越来越多地呈现出按需测绘、应急测绘这一新的需求特点;在大比例尺地理信息图件获取方面任何单一的技术手段都难以满足快速、经济、精细化的成图需求,空(UAV 低空航测成图)地(全站仪/多传感器组合测绘)一体化结合实现快速成图势在必行。要集成开发出空地一体化的快速成图系统,必须以系统需求分析为前提,重点解决系统集成中涉及硬件设备改造与软件技术开发的若干关键性问题。

4.1.1　需求分析

空地一体化的快速成图系统,从业务流程上可将整个系统划分成无人机航测外业数据采集子系统与内业影像成图子系统(解决全区域的快速成图问题)、地面GPS/TS/FOG外业数据采集子系统与内业数据处理子系统(解决无人机影像受遮挡区域以及新增地物的快速修补测问题)。从硬件设备上分为无人机遥感平台设备、无人机地面监控设备、地面GPS/TS/PAD采集设备、地面FOG/TS/PAD采集设备。为了实现空地一体化快速成图目标,系统应满足以下几方面需求:

(1) 业务需求

空地一体化快速成图系统,目前以面向小区域困难地区大比例尺(1∶2000、1∶1 000,甚至1∶500)地形图快速测绘为目标,为全国新农村建设规划、地理国情监测以及重大灾害发生时的应急测绘提供快速强有力的测绘保障服务。当然,获取数字化测绘产品并不是测绘的最终目的,树立地球空间信息为大家(Geo-Information For All)的服务理念,实现空间信息大众化才是信息化测绘的真正目标。

(2) 技术需求

空地一体化快速成图系统是针对局域困难区快速成图目标而开发,应突出技术上的先进性,即充分发挥现代科技在测绘领域的引领和提升作用,将卫星定位技术、低空遥测技术、惯性导航技术、新型传感器技术、无线通信技术、光纤陀螺寻北技术、全站仪定位技术、地理信息技术、自动控制技术等集成应用,解决全区域的航测数字化成图与小区域的地面数字化修补测。

(3) 功能需求

在无人机低空航测成图方面,系统应满足无人机导航定位与飞行控制、机载传感器定时摄影、地面站实时监控、遥感影像数据实时存储与传输、遥感影像数据处理、4D产品生产与输出等基本功能要求。

在地面GPS/TS/FOG组合成图方面,系统应满足GPS多模定位与坐标转换、无人机图件压缩与底图导入、GPS辅助下全站仪自由设站测绘、FOG辅助下全站仪单点定向测绘、基于PAD的数据采集与现场构图、基于无线网络的外业测绘成果实时回传、外业数据兼容国内主流成图软件等基本功能要求。

除此之外,系统还应满足无人机平稳飞行起降的安全性要求。

4.1.2　系统集成方案

关于系统集成,普遍认为是将系统内各个部分组合成全新功能的、高效和统一的有机整体,使它们不再成为"孤岛系统",而是能彼此有机地和协调地工作,以发挥整体效益,达到整体优化的目的。系统集成实现的关键在于解决系统之间的互连和互操作性问题,也就是要解决数据格式的统一、各类设备或子系统间的接口协议、系统平台与应用软件等一切面向集成的问题。

对于本书所研究的空地一体化快速成图系统,系统集成就是要将无人机航测成果集成到地面数字化成图系统中,达到优势互补,实现小区域困难区快速成图目标。因此,系统集成主要体现在数据格式的统一与集成、基于软件的硬件集成、软件集成三部分。

4.1.2.1　数据格式的统一与集成

空地一体化快速成图系统涉及各种格式的影像图、矢量图(线划图)底图数据,各种坐标系统下的 GPS 定位数据、全站仪测量数据,内业成图编辑所需的交换文件数据等多种数据,而且数据分属于不同的子系统。可以看出,涉及的数据量大、种类繁多,而且随着业务需求的增加,还可能增加其他新的数据,为了方便数据的传输共享以及系统的扩展,迫切需要对这些数据进行格式转换与集成应用。

(1) 底图数据的生成

系统应支持基于无人机航测成果矢量图、影像图的测绘模式,以及无底图的测绘模式。

生成矢量底图:需将用户 GIS 平台中生成的 VCT 格式处理成 PAD 所支持的矢量底图格式(标准线划图)。如果 GIS 平台不支持 VCT 格式,那么系统就需要为用户提供 MIF、SHP、TAB 等主流 GIS 格式转换成 VCT 格式,再处理成 PAD 所支持的矢量底图格式的功能。

生成压缩影像底图:需要系统对标准分幅的无人机影像数据进行压缩处理,生成与矢量数据套合的压缩影像底图,供 PAD 导入使用。

(2) 空间数据的转换与统一

无人机航测中 GPS 辅助空中三角测量以及地面 GPS/TS 组合定位,都需要有 GPS 高精度定位的支撑。GPS 定位不论是差分定位还是精密单点定位,获得的成果均属于 1984 世界大地坐标系(WGS-84),而我国采用的是国家大地坐标系(1980 西安坐标系、1954 北京坐标系、2000 国家大地坐标系)。因此,需要通过测区高等级控制点坐标联测,并利用坐标转换软件求解转换参数,以便在大比例尺地形图测绘中一劳永逸地实现随测随转换,保证坐标数据的系统统一。

系统需提供 GPS 坐标联测的技术实施细则,由用户完成测区坐标联测工作。

(3) CASS 坐标数据与交换文件

CASS 地形地籍成图软件是广东南方数码科技有限公司推出的基于 AutoCAD 平台技术的 GIS 前端数据处理系统。CASS 软件自 1993 年推出以来,已经成为国内用户量最大(市场占有率 90% 以上)、升级最快的主流成图系统。

空地一体化快速成图系统基于 PAD 的数据采集构图软件,输出的图形数据(SHP 格式)、坐标数据(DAT 格式)以及数据交换文件(扩展名为 * .CAS,具体参照 CASS 参考手册)应完全兼容 CASS 成图软件。

4.1.2.2 硬件集成

无人机低空航测成图系统的硬件集成,集中体现在遥感数据获取部分。按其结构划分为无人机机体、动力系统、飞行控制系统、机载 GPS 导航、无线电遥测遥控系统、遥感设备及其控制系统、地面监控中心控制系统。地面 GPS/TS/FOG 组合测图系统的硬件集成,主要体现在数据采集终端 PAD、大容量的 PAD 存储扩展卡、用户网络传输的 SIM 卡、GPS 接收机与测距棱镜的有机组合、全站仪与光纤陀螺的有机组合、替代蓝牙模块的短信模块。各种硬件实体通过硬件接口、数据线和网络有机地结合起来形成一个有机的整体,才能完成系统所需的功能。

4.1.2.3 软件集成

软件集成是指根据应用需求将完成某项工作的若干个应用程序集成到一个软件里协同工作。其特征体现在:它可以在内部多个应用程序间传输数据,帮助用户协调多个任务以及合并不同软件工具创建的信息;可为用户提供一个用来选择命令、管理文件以及各种程序进行交互的一致性界面。

无人机低空航测成图系统的软件集成,体现在遥感数据获取与处理的全过程。要保障无人机内外业正常工作,离不开飞行前航线规划软件,飞行中飞行控制软件与地面监控软件、数码相机摄影控制软件,以及飞行后影像数据综合处理软件。

地面 GPS/TS/FOG 组合测图系统的软件集成,主要体现在基于 PAD 的 GPS/TS 组合数据采集构图软件、FOG/TS 组合定向计算软件。其中前者在 PAD 中集成了多个应用程序,如 GPS 差分定位程序、GPS 单点定位程序、坐标转换计算程序、PAD 控制全站仪操作程序、各种底图导入与显示程序、全站仪自由设站程序、各种实用勘丈成图程序、各种图形数据输出程序等。各种程序模块通过软件接口、指令有机地结合起来形成一个有机的整体,完成外业数据采集、实时计算、现场构图、数据输出等各项功能。

为了保证大数据量的影像图、地形图能导入 PAD 中作为测绘底图,必须研究影像高效压缩与快速显示技术,这也成为系统集成开发中的首要解决的问题。

4.2　系统集成中的关键技术实现

要实现空地一体化快速成图的目标,核心在于既要发挥无人机航测全区域快速成图的优势,又要发挥地面 GPS/TS/FOG 组合定位在影像遮挡区域及新增地物区快速修补测的优势,两者优势互补。因此,RS/GPS/TS/FOG 系统的高效集成开发是关键。

4.2.1　大容量无人机影像图高效压缩软件开发

4.2.1.1　影像数据压缩的现状需求

充分利用无人机遥感影像图作为测绘底图,辅助进行地形图测绘无疑是快速成图最好的选择。随着图像分辨率的提高,遥感影像容量呈几何级递增,从最初的兆字节(MB)数量级发展到现在的吉字节(GB)数量级,甚至太字节(TB)数量级。而基于嵌入式设备的外业数字化测图系统存储空间有限,只能满足一定量数据导入的需求。为满足大容量影像数据的导入,必须对影像数据进行压缩预处理,外业系统再对压缩数据进行解压缩显示。

东南大学研制开发的"调查之星"土地调查作业系统,曾利用 ECW(Enhanced Compression Wavelet,增强小波压缩)技术,实现了影像数据的解压缩与显示功能。在外业调查中软件需要读取 TIFF(Tagged Image File Format,标签图像文件格式)格式影像图数据,将底图快速显示在 PDA 屏幕上并支持图像浏览功能。这种数据操作模式仅适合影像数据不大的情况。

"调查之星"系统的影像图显示模块基于 ECW 开源库进行开发,由于有版权方面的限制,该开源库只支持 500 MB 以内的影像数据压缩,其二次开发商业产品可支持 500 MB 以上的影像数据压缩,但其价格昂贵,不适合大范围推广应用。

为了解决普通测绘用户能在嵌入式 GIS 系统中导入大容量遥感影像图作为测绘底图,本章基于小波变换的图像数据压缩技术,并利用快速小波变换方法、EZW(Embedded Zerotree Wavelet,嵌入式零树小波)算法以及自适应算术编码算法,开发大容量影像图高效压缩软件,实现对大容量无人机影像的压缩处理。

4.2.1.2　基于小波变换的图像压缩技术[37]

基于小波变换的图像压缩系统由编码系统与解码系统组成,其中编码系统是对原始图像进行压缩处理,包括离散小波变换、量化、熵编码以及压缩数据存储过程;解码系统是对压缩数据进行解压缩,包括熵解码、反量化以及离散小波逆变换过程,最终重构出与原始图像相近似的图像。

如图 4-1 所示为基于小波变换的图像压缩系统的组成框图。其中,编码系统各部分的功能描述如下:

离散小波变换主要是去除原始图像数据之间的相关性,变换实际上是一种矩阵变换,其目的是使得图像信息能量集中分布于低频子带,而极少能量分布于高频子带,便于后续的量化编码。其中快速小波变换的计算是分级进行的。

量化是利用量化器对变换后的小波系数进行量化,它是一种有损压缩过程。量化需要建立量化表,量化输出的符号流作为编码模块的输入。EZW 算法是一种改进的零树编码算法,通过引入重要性映射表,以及 SAQ(Successive Approximation Quantization,逐次逼近量化)来完成嵌入式量化编码。所谓逐次逼近量化,就是通过依次使用一组不同的阈值来决定小波系数的重要性。

熵编码是利用快速编码算法对量化输出的符号流进行编码,输出各符号对应的比特流,编码是一种可逆的压缩过程。其中算术编码在图像数据压缩方面的应用更为广泛,且编码的压缩效果更佳,故本章采用自适应的算术编码方法来加以实现。

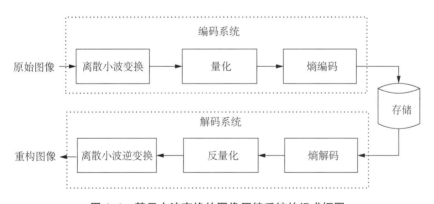

图 4-1　基于小波变换的图像压缩系统的组成框图

4.2.1.3　遥感影像图压缩软件开发

基于小波变换的图像压缩算法,尤其是 EZW 算法,经图像压缩质量评测表明在图像压缩上有较好的性能质量,一般情况下图像压缩比可达 10∶1,甚至更高,如此可以大大减轻 PAD 的存储负担,能满足地形图测绘中作为影像底图导入与显示的需要。

(1)软件架构设计

如图 4-2 所示为本软件的架构设计,软件模块分为影像图数据读取模块、小波变换模

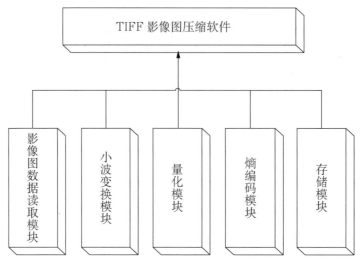

图 4-2   TIFF 遥感影像图压缩软件架构设计

块、量化模块、熵编码模块以及存储模块。

影像图数据读取模块主要负责对 TIFF 格式的影像图数据进行读取操作,如读取图像的大小、长宽、分辨率、地理坐标系统参数以及像素值信息等,读取的像素值再输入至编码系统进行压缩。

存储模块是将编码输出的比特流写入文件,生成最终的压缩文件,压缩文件再经过解压缩运算,即可重构出近似图像。

(2) 软件界面设计

TIFF 遥感影像图压缩软件的功能主要分为压缩参数设定和图像压缩两个功能。压缩参数设定可设置图像文件的输入路径、压缩文件的输出路径以及预期压缩率;图像压缩功能可实现原始 TIFF 文件的压缩。

软件的界面如图 4-3 所示,界面分为参数设定、图像压缩两大区域。在参数设定区域中,可设定文件输入、输出路径和压缩率,在图像压缩区域中,自动显示压缩数据的相关信息,如图像文件在压缩前后的预期大小与最终压缩后的大小、实际压缩率,以及压缩进度、压缩消耗的时间等信息。软件界面设计清晰、功能简洁、操作方便。

(3) 软件实现的流程图

本软件采用 Microsoft Visual Studio 2005 集成开发环境进行开发,开发方式为 MFC 应用程序开发,软件的功能是在桌面端对 TIFF 格式原始影像图进行压缩处理,并最终生成自定义文件格式的压缩文件(*.zww)。本软件实际上是一个压缩编码系统,软件实现的流程图如图 4-4 所示。

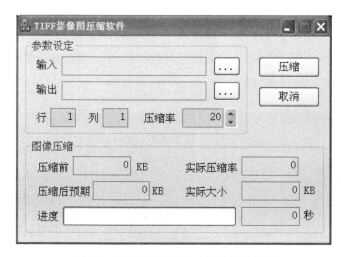

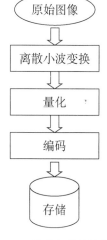

图 4-3　TIFF 遥感影像图压缩软件界面　　　　**图 4-4　软件实现的流程图**

4.2.1.4　软件测试

TIFF 遥感影像图压缩软件的基本功能是对大容量影像图进行压缩处理,最终生成"＊.zww"格式的二进制文件,要求压缩比可调节。针对软件的功能,软件测试时分两步进行。

(1) 在某个压缩率下测试

测试数据选用大小为 3.17 GB 的影像图文件 TestImage3p17GB.tif,压缩率设定为 30。图像压缩进行时的软件界面如图 4-5 所示,参数设定中的"输入"路径为原始图像 TestImage3p17GB 的存储路径,"输出"路径设定为 F:\output.zww,压缩率设定为 30,图像压缩中的"压缩前"大小为原始图像的大小 3 331 497KB,"压缩后预期"大小为 3 331 497 / 30＝111 049KB,当前压缩过程已进行 366 秒。

图 4-5　压缩进行时的软件界面

压缩完成时的软件界面如图 4-6 所示,由图可知,整个压缩过程共耗时 697 秒,实际压缩率为 30.28,压缩得到的二进制文件 output.zww 实际大小为 110 023 KB。

图 4-7 为文件 output.zww 经解压缩后重构得到的图像。测试结果表明,遥感影像图压缩软件能满足对大容量影像图的压缩处理功能。

图 4-6 压缩完成时的软件界面

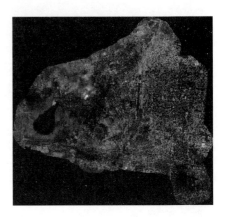

图 4-7 output.zww 解压缩后的图像

(2) 在不同压缩率下测试

测试数据仍然选择影像图文件 TestImage3p17GB.tif,由于软件压缩率可调节,故测试时可设定压缩率为 30,60,90,120,分别对原始影像图进行压缩测试。测试后所得到的实际压缩率及压缩文件大小如表 4.1 所示。测试结果的实际压缩率与相对应的压缩率相差不大。

表 4.1 不同压缩率下的测试结果

压缩率	实际压缩率	预期大小(MB)	实际大小(MB)
30	32.8	105.7	96.6
60	63.2	52.8	50.2
90	96.9	35.2	32.7
120	123.7	26.4	25.6

截取以上压缩图像的某一相同区域进行对比观察,发现随着压缩率的提高,压缩图像的质量逐渐降低,如图 4-8 所示。因为压缩率越低,保留的图像细节信息越多,反映出来的图像效果会越清晰,即图像的质量会越高。

测试结果表明,该软件简洁、易操作,能够根据所设定的压缩率对原始图像的压缩大小进行控制,可以满足不同压缩率下无人机图像压缩的需求。

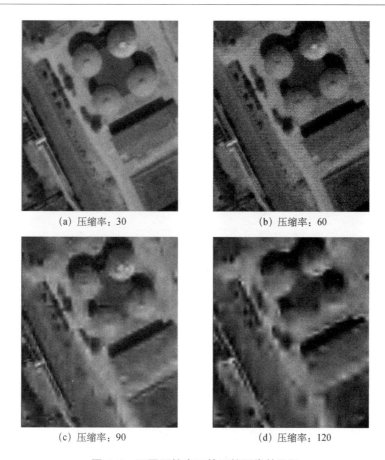

(a) 压缩率：30　　　　　　　　　(b) 压缩率：60

(c) 压缩率：90　　　　　　　　　(d) 压缩率：120

图 4-8　不同压缩率下的压缩图像效果图

4.2.2　面向嵌入式 GIS 的无人机影像图快速显示

开发桌面端的影像压缩软件解决了大容量无人机影像图顺利导入嵌入式平台的难题。接下来的问题是压缩后的图像怎样才能在嵌入式平台上快速流畅地显示，这更是测绘用户关心所在。为此，需要进一步解决图像解压缩以及快速显示策略问题。

4.2.2.1　影像解压缩与显示工作流程

要在嵌入式设备上实现影像图的显示，以及相关的浏览操作如放大、缩小、平移等操作，需要开发专门的嵌入式应用软件，完成数据解压缩与数据显示两大工作。具体工作流程如图 4-9 所示。

（1）抽取层细节数据

接收到某一待显示视图区域的请求后，根据该视图区域的地理空间范围与像素范围，解算出待显示视图的比例尺，再根据该比例值定位到对应的小波变换层，并从数据源中抽

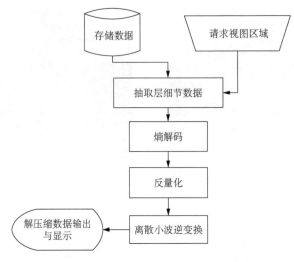

图 4-9   影像解压缩与显示工作流程

取相应的层细节数据。

（2）熵解码

熵解码为熵编码的逆过程。将步骤 1 中抽取出的层细节数据流，通过二进制自适应算术解码器解码出符合量化规则的符号流输出。符号流包含了量化过程中的重要性系数的主表与辅表信息。

（3）反量化

反量化为量化编码的逆过程。量化编码采用嵌入式零树编码算法，对小波系数进行扫描量化，然后依据阈值判断条件生成重要性主表、辅表。反量化过程则根据量化器与反量化器约定好的规则，通过反量化器作用于算术解码器输出的符号流，将主表、辅表中的信息量转化为相对应的小波系数。

（4）离散小波逆变换

离散小波逆变换为离散小波变换的逆过程。利用合成滤波器系数，对底层低频与高频子带的小波系数进行滤波和上采样运算，上采样的结果是将小波系数矩阵的行、列维数均扩充为原来的两倍，合成上一层输出量，重复此操作，直到步骤 1 中计算出的小波分解层数时结束，得到解压缩的图像数据，即完成一次图像重构。

（5）数据显示

以上步骤得出的解压缩数据为待显示视图区域的各像素 RGB 值，每个像素占三个字节，分别表示 R、G、B 三色的灰度值大小，可通过构建临时位图（BMP，即 Bitmap，为 Window 操作系统中的标准图像文件格式），将视图区的各个像素值填充到位图数据中，再将临时位图绘制到嵌入式屏幕上即可。

4.2.2.2　基于影像分块压缩的快速显示策略

导入嵌入式设备中的无人机影像底图通常很大,而且影像图的浏览操作会反复地进行,如缩放、平移,这便对影像图的显示效率提出了较高的要求。在解决思路上除了优化既有的解压缩算法以及与显示相关的执行代码外,还需要从影像图的显示策略上进行改进和优化[37]。传统方法是将原始影像图压缩为单个文件进行显示,对于中小容量的影像图,这种方式能满足频繁浏览的要求,对于大容量影像图,此种方式下的显示效率是比较低的。

影像分块压缩的快速显示策略方法如下:

(1)桌面端分块压缩

在桌面端将大容量原始影像图进行分块压缩,再进行解压缩显示,分块压缩的优点在于,它降低了压缩数据的分解层数,从而能有效减少解压缩时耗,节省内存空间,提高显示效率。

影像图分块压缩示意图如图 4-10 所示。

首先,将原始 TIFF 图像按 $M \times N$ 进行切块,M、N 分别表示分块行数和列数,M、N 的取值与原始图像的大小和地理空间范围有关,一般来说,为保证图像显示效率,M、N 的取值要使得单个 TIFF 块的大小在 50~500 MB 范围内。

其次,对 TIFF 块分别进行压缩,得到 $M \times N$ 个压缩文件,这些压缩文件的命名规则为 $i\text{-}j$,其中,$i = 1, 2, \cdots, M$,$j = 1, 2, \cdots, N$,$i\text{-}j$ 表示第 i 行第 j 列的 TIFF 块。

最后,将压缩好的压缩文件拷贝至嵌入式设备中,进行显示与浏览操作。

程序实现的流程图如图 4-11 所示。

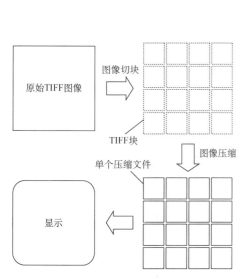

图 4-10　影像图分块压缩示意图

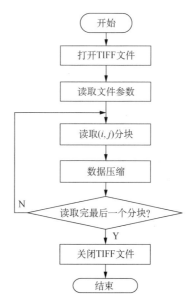

图 4-11　桌面端分块压缩程序流程图

（2）影像块动态导入

对于影像浏览操作，根据每次的影像区域请求，动态导入相应范围的分块图像。理想情况是，影像由全图显示状态不断放大，那么每次请求显示的影像区域将不断缩小，最终完全落到单个压缩影像块范围以内，由于此时只需要对该影像块进行操作，数据解压缩的时耗将大大减少，从而有效提高了显示效率。同时，动态导入策略更加灵活，且适应性强，对以后超大容量的影像图显示来说，会更方便、实用。

4.2.2.3　快速显示效果测试

（1）测试概况

测试数据选用某地的 TIFF 影像图，文件名为 TestImage3p17GB.tif，文件大小为 3.17 GB，涉及地理面积为 284.3 km^2。

单个压缩数据：使用压缩软件将整幅图像进行压缩，设定压缩率为 30，压缩以后的实际压缩率为 30.28，压缩图像效果如前图 4-7 所示。

分块压缩数据：将原始图像按 4×4、6×6 进行分块压缩，并且，设定压缩率同样为 30，以减少不同压缩率对测试结果的影响。单个 TIFF 块的大小均满足在 50～500 MB 范围内的要求。

嵌入式测试平台选用多普达 828＋，为排除不同设备间运算能力的差异因素，测试时均在同一台设备上进行。

测试方法，通过不断进行放大全图显示的图像，测试其显示效率。

（2）测试结果分析

测试结果统计如表 4.2 所示，时间单位为毫秒（ms）。

表 4.2　分块压缩显示的时间消耗　　　　　　　　　（单位：ms）

测试数据＼比例尺	1：250 000（全图）	1：83 300	1：27 800	1：9 300	1：3 100	1：1 000	1：300
单个压缩数据	5 084	4 574	3 729	2 933	2 154	1 441	1 025
4×4 分块	12 155	10 100	8 451	2 470	1 766	841	352
6×6 分块	14 265	12092	8 604	2 108	1 151	429	125

如图 4-12 所示为 4×4 分块影像分别在比例尺为 1：250 000、1：83 300、1：3 100 时的影像显示效果图。

如图 4-13 所示反映了以上数据的变化规律。由图可见，三组数据的测试结果具有相同的趋势，即随着放大的不断进行，显示时间不断减小。其中，对单个数据而言，变化趋势平稳，而两组分块数据在比例尺小于 1：9 300 时，显示时间减小得幅度大，且显示时间都

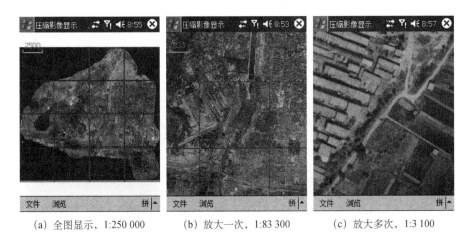

(a) 全图显示，1:250 000　　　(b) 放大一次，1:83 300　　　(c) 放大多次，1:3 100

图 4‑12　分块压缩影像显示的测试效果图

明显高于单个数据的曲线值，在比例尺大于等于 1∶9 300 时，显示时间的变化则相对平稳，曲线的位置分布还出现了明显的倒置情况，即 6×6 分块数据的显示时间最少，显示效率最高。

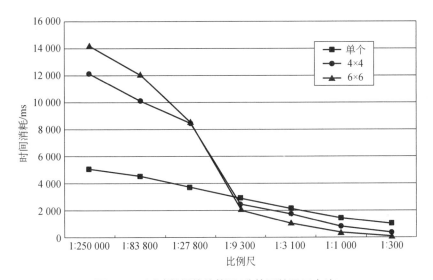

图 4‑13　测试数据的趋势图（分块压缩显示方法）

综上所述，分块压缩显示的方法能达到预期的效果，尤其是在大比例尺下，显示效率有明显的提高，但在小比例尺情况下，显示效率较低。

4.2.3　GPS/TS 组合定位系统设计与实现

GPS/TS 组合定位系统是以平板电脑 PAD(替代掌上电脑 PDA)为硬件平台，内置开发的专用数据采集构图软件；通过研制的 GSM 短信模块(替代蓝牙通信模块)将 GPS 接收机与全站仪有机集成,形成一种全新的 GPS/TS 组合测图系统。

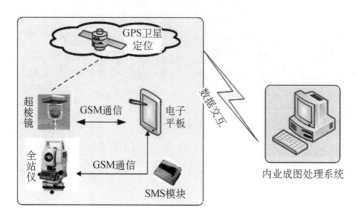

图 4-14　GPS/TS 组合测图系统

4.2.3.1　系统功能设计

GPS/TS 组合测图系统在算法设计上是基于两种定位方式:其一是自由设站模式下的后方交会真实坐标测绘方式,用于测区 GPS 信号接收较好,全站仪自由设站后无须迁站就能获得至少两个 GPS 定位点的情形;其二是自由设站模式下的区块坐标变换测绘方式,用于测区 GPS 信号接收较差,全站仪自由设站后必须通过迁站才能获得至少两个 GPS 定位点的情形。

两种定位方式真正保证按需测绘、快速灵活测绘,即在外业测绘现场无须等待 GPS 优良信号,无须费脑筋选定测图控制点。围绕这一算法目标,GPS/TS 组合测图系统应设计以下四大功能模块:

(1) GPS 数据采集模块

完成超棱镜 GPS 接收机接入 VRS 网络(系统集成的技术关键之一)、GPS 定位数据采集、GPS 实时坐标转换、GPS 定位结果 SMS 发送等功能。

(2) 全站仪数据采集模块

完成 PAD 快速显示无人机影像(系统集成的技术关键之一,见 4.2.2 节相关内容)、全站仪连接 PAD、自由设站点坐标推算、测站点与镜站点设置、定向方位角自动计算与检核、全站仪数据采集功能;

(3) 勘丈数据快速构图模块

完成测量点现场构图、地物属性录入及符号化显示、图形编辑等基本功能;同时还要完成钢尺辅助下的勘丈数据成图功能,主要包括极坐标、距离交会、直线交会、内外分点、垂直量距、间隔垂直等辅助功能;解决通视困难条件的快速构图,尽量减少全站仪测点工作量。

（4）局域坐标转换模块

实现局域范围内不同作业块数据快速拼接和拼接数据快速坐标转换功能。

以上四大功能模块形成一个相互协作的系统,共同完成外业快速成图目标。

4.2.3.2　超棱镜 GPS 接入 VRS 网络定位

（1）基于 NTRIP 协议移动站 GPS 接入 VRS

NTRIP(Networked Transport of RTCM via Internet Protocol)是 VRS 网络系统进行数据传输的专有协议。VRS 系统中数据处理中心支持 HTTP 请求并接收移动站用户请求信息,移动站向数据处理中心发送请求信息,如果消息格式和内容正确无误,数据中心将向移动客户端发送差分改正信息数据流。

移动站 GPS 接入 VRS 的关键技术是遵循 NtripClients(对应于 Http 中的客户端,代表 VRS 网络中的移动站)和 NtripCasters(对应于 Http 的服务器端,代表 VRS 系统中数据处理中心)之间 Ntrip 协议开发出两者之间的通信模块,并要求消息格式和状态码兼容HTTP1.1。

基于 NTRIP 协议,以 GPRS/Internet 方式在 PDA 上开发了移动站接入 VRS 通用模块,实现了超棱镜 GPS 能顺利接入 VRS 网络进行定位。

（2）GPS RTK 定位与坐标转换

本系统使用超棱镜双频 GPS 以 RTK 方式获取高精度图根点坐标。

如图 4-15 所示为定位数据解析的流程,其中 GPS 数据状态包括:GPS 初始电文、GPS 经纬度坐标、GPS 底图坐标系下的坐标。

在移动设备的定位过程中,GPS 模块需要将解算出的位置信息传送给数据中心做进一步处理,为确保数据的有效性,信息的传送以 GPS 电文形式进行。常见的 GPS 电文格式为"GGA",它包含了定位时间、纬度、经度、高度、定位所用的卫星

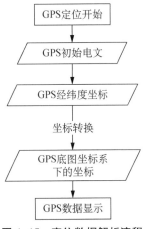

图 4-15　定位数据解析流程

数、精度衰减因子(Dilution of precision,DOP)、差分状态和校正时段等。GGA 是全国海洋电子协会(National Marine Electronics Association)定义的 NMEA 协议下的数据格式的一种。NMEA 是一种国际接收机输出信息标准,规范了数据格式的输出,保证 GPS 电文的有效性。

GPS 电文数据最终映射到 PAD 的影像底图上,如图 4-16 所示。为此需要将 GPS定位获得的 WGS-84 实时转换为与大比例尺测图相一致的坐标系统(如西安 80、北京

54等)。小区域坐标转换通常选用平面四参数转换模块。经过坐标联测后系统可以现场解算四参数,也可以将已有的测区四参数导入PAD中,实现GPS定位坐标直接在无人机影像底图或线划图上比对显示。

图 4-16　GPS 点位采集与实时显示

4.2.3.3　数据采集构图软件框架搭建

　　数据采集构图软件分四层进行数据组织:嵌入式GIS底层、数据管理层、通信层和上层应用及界面层。基于开源GIS组件搭建具有OpenGIS简单特征规范的嵌入式GIS底层;基于测区概念的数据管理层,完成测量数据管理、坐标转换功能;基于GSM的GPS、全站仪通信模块,实时接收、解析GPS卫星电文、全站仪数据,基于Android的UI设计构成上层应用及界面层。

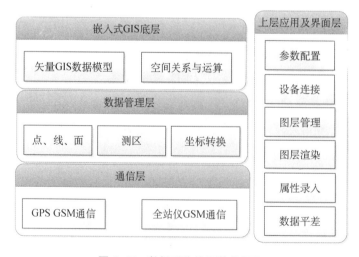

图 4-17　数据采集构图软件框架

4.2.4 FOG/TS 定向软件设计与开发

FOG/TS 组合定向系统是以掌上电脑 PDA 作为硬件平台,内置开发的专用定向数据处理软件;通过设计加装的望远镜锁紧装置与光纤陀螺插销装置将光纤陀螺与全站仪有机集成,形成一种轻小型高精度的 FOG/TS 组合定向系统。

图 4-18　FOG/TS 组合定向系统

4.2.4.1　总体设计目标

FOG/TS 组合定向系统完全面向日常测绘需求,在总体设计上必须满足以下要求:

(1) 技术方面

通过四转位操作,实现光纤陀螺安装误差自动补偿;利用全站仪高精度转位信息,有效抑制光纤陀螺寻北误差;测站定向时间(指四个转位操作)2 min,定向精度达到 $\pm 60''$ 以内。

(2) 功能方面

解决在没有成对控制点条件下,即没有定向方位点的情况下,光纤陀螺辅助全站仪能自主快速定向,为测站地形图测绘提供满足精度要求的方位角。另外与 GPS/TS 组合定位系统具有良好的兼容性。

(3) 质量方面

全站仪与光纤陀螺采取松组合方式即插即用。在全站仪上附加的光纤陀螺质量在 0.5 kg 左右,供电电源质量在 0.5 kg 左右,达到小型、轻便的日常测绘目标。

综合以上三方面,FOG/TS 组合定向系统能够满足日常地形地籍测图工作需要,从而彻底改变现行组合定向产品体积大、质量大、定向时间长,无法用于日常测绘的现状。

4.2.4.2   FOG/TS组合定向解算软件开发

本软件基于第三章 FOG/TS 组合定向模型算法进行设计开发。选用开发环境：Windows Visual Studio 2005 C++；运行的软硬件环境要求：Windows Mobile 5.0 或以上；工业级手簿（PDA），CPU 有效工作频率为 416 MHz 以上，内存 50 MB 以上。

本软件是专用于 FOG/TS 组合定向数据处理而开发，同时兼顾测站操作流程简便，在操作主界面上主要设计了三项功能菜单：输入已知数据、数据采集、定向计算。如图 4-19 所示。

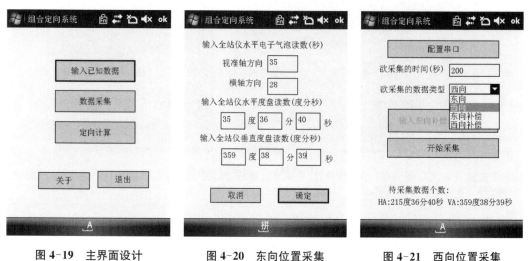

图 4-19   主界面设计   图 4-20   东向位置采集   图 4-21   西向位置采集

（1）已知数据输入

输入测站控制点的大地坐标（经度 L 、纬度 B ），WGS-84 椭球长半轴 a 、短半轴 b ，高斯投影中央子午线经度 L_0 、全站仪给出的自身竖轴倾斜角在横轴方向的投影角 ξ 。已知数据用于计算测站点的平面子午线收敛角 γ ，以便将全站仪横轴真方位角换算为全站仪视准轴坐标方位角。

（2）数据采集

依次按东向位置、东向抵偿位置、西向抵偿位置、西向位置进行数据采集记录。具体按照 PDA 提示水平转动照准部或倒转望远镜到指定位置。如图 4-20、图 4-21 所示。

（3）定向计算

利用四个转位的分别采集获得的数据 ω ，解算出全站仪视准轴在东向位置时的真方位角和坐标方位角，如图 4-22 所示，还可查看历史定向结果，如图 4-23 所示。

图 4-22　定向计算界面图　　　　图 4-23　历史定向结果

4.2.4.3　软件开发中若干技术处理

（1）光纤陀螺串口数据获取[38]

FOG/TS 组合定向系统中所使用陀螺的数据是通过 RS232 串口输出的，所以数据处理软件中必须设置串口通信模块用以接收数据。

在 MFC 下的 32 位串口通信程序可以用两种方法实现：其一是使用 API 通信函数；其二是利用 ActiveX 控件。

1）使用 API 通信函数。在 WIN32 API 中，串口使用文件方式进行访问，其操作的 API 与文件操作的 API 基本一致。

串口的操作包含同步操作和异步操作两种方式。同步操作方式，API 函数会阻塞直到操作完成以后才能返回；而异步操作方式，API 函数会立即返回，操作在后台进行，避免线程的阻塞。无论哪种操作方式，一般都通过四个步骤来完成：打开串口、配置串口、读写串口、关闭串口。

2）利用 ActiveX 控件。MSComm（MicroSoft Communications Control）是 Microsoft 公司提供的简化 Windows 下串行通信编程的 ActiveX 控件，它为应用程序提供了通过串行接口收发数据的简便方法。MSComm 控件在串口编程时提供了两种处理通信问题的方法：一是事件驱动方法；二是查询法。

与通过 WIN32 API 进行串口访问相比，通过 MScomm 这个 ActiveX 控件进行串口访问要方便许多，它基本上可以向用户屏蔽多线程的细节，以事件（发出 OnComm 消息）方式实现串口的异步访问。

尽管如此，MSComm 控件的使用仍有诸多不便，譬如其发送和接收数据都要进行

VARIANT 类型对象与字符串的转化等。因此,在软件开发中编写了一些串口类,以达到更方便的操作串口。

程序通过串口接收数据,一般情况下(数据较少时)没有问题,但一旦数据量增大(使用串口调试程序 50 ms 发送一次),使用 WIN32 API 或 MSComm 程序很容易自动终止。因为有时候一次接收不完一个完整的命令,所以在编程时把接收的数据放入一个缓冲区中,等待多次接收完成之后才创建线程,处理接收的数据。

串口模块中主要通过几个类完成数据通信功能。CComEngineCE 类:负责从串口不断地获取/发送数据流。CDatagramFilter 类:主要功能是将串口获得/要发送的数据流进行解码/编码,按照陀螺数据定义剔除错误的数据。CComReadWriteHandler 类:负责读写数据。

以上几类与其他各类通过多线程编程技术协作完成所需要的功能。

(2)使用内存映射文件快速读入大文件

WIN32 API 和 MFC 均提供有支持文件处理的函数和类,常用的有 WIN32 API 的 CreateFile()、WriteFile()、ReadFile() 和 MFC 提供的 CFile 类等。一般来说,以上这些函数可以满足大多数场合的要求,但是对于某些特殊应用领域所需要的动辄几十吉字节或几百吉字节,或者对低内存低频率处理器来说相对巨大的数据量,再以通常的文件处理方法进行处理显然是行不通的。本软件的运行环境正是后一种情况,虽然几十兆字节的数据不大,但是面对快速的实时的处理要求我们需要以内存映射文件的方式来加以处理。

内存映射文件与虚拟内存有些类似,通过内存映射文件可以保留一个地址空间的区域,同时将物理存储器提交给此区域,只是内存文件映射的物理存储器来自一个已经存在于磁盘上的文件,而非系统的页文件,而且在对该文件进行操作之前必须首先对文件进行映射,就如同将整个文件从磁盘加载到内存。由此可以看出,使用内存映射文件处理存储于磁盘上的文件时,将不必再对文件执行 I/O 操作,这意味着在对文件进行处理时将不必再为文件申请并分配缓存,所有的文件缓存操作均由系统直接管理,由于取消了将文件数据加载到内存、数据从内存到文件的回写以及释放内存块等步骤,使得内存映射文件在处理大数据量的文件时能起到相当重要的作用。另外,实际工程中的系统往往需要在多个进程之间共享数据,如果数据量小,处理方法是灵活多变的,如果共享数据容量巨大,那么就需要借助于内存映射文件来进行。实际上,内存映射文件正是解决本地多个进程间数据共享的最有效方法。

内存映射文件并不是简单的文件 I/O 操作,实际用到了 Windows 的核心编程技术——内存管理。本软件正是使用内存映射文件的方法来快速读入大文件,限于篇幅此处不做介绍。

（3）PDA 上大数据的数学处理

由于 PDA 设备普遍内存较小、主频较低，FOG/TS 组合高精度定位中使用的陀螺数据输出频率为 400 Hz，即每秒钟输出 400 个整型数据，而不利情况下需要采集 5～10 min 数据，如此要快速处理大量数据是很困难的，尤其对于去粗差这种需要不断地反复循环运算、比较、筛选、剔除的数学处理运算。单通过代码优化并不能很好地解决问题。解决这个问题的根本在于改进去粗差算法，探讨一种适合 PDA 上使用的低端低内存处理器上运行的算法。

为了节省编程时间和工作量，本软件采用数理统计中的 3σ 准则去粗差算法：对某个可疑数据 x_d，若 $|v_d| = |x_d - \overline{x}| \geqslant 3\sigma$，则认为 x_d 含有粗差可剔除；否则予以保留。其中，σ 为按贝塞尔公式计算的标准差，样本数 $n \geqslant 50$ 时适用。

以往算法：取数组 $X[n]$ 存放原始数据，$Y[m]$ 存放被剔除的粗大误差。

则均值 $\overline{x}_1 = \dfrac{\sum\limits_1^n X_i}{n}$，方差 $V_1 = \dfrac{\sum\limits_1^n (X_i - \overline{x}_1)^2}{n-1}$，标准差 $s_1 = \sigma\sqrt{V_1}$。

如果 x_d 不满足 $|x_d - \overline{x}| \geqslant 3s$，就将 x_d 从 $X[n]$ 中剔除放到 $Y[m]$ 中。

显然这种方法需要不断地做大量的内存中数据的复制、移动、求和及乘除元素，为了保证结果的精确度在此过程中许多元素需要保持数据为浮点型，这样的浮点数运算会占用 CPU 时耗。为此，将去粗差公式做如下改进：

显然 $\overline{x}_2 = \dfrac{\sum\limits_1^n x_i - \sum\limits_1^{m_1} y_i}{n - m_1}$，$\overline{x}_3 = \dfrac{\sum\limits_1^n x_i - \sum\limits_1^{m_1} y_i - \sum\limits_1^{m_2} y_i}{n - m_1 - m_2} = \dfrac{\overline{x}_2 - \sum\limits_1^{m_2} y_i}{n - m_1 - m_2}$

$\overline{x}_{i+1} = \dfrac{n}{n - m_i}\overline{x}_i - \dfrac{\sum\limits_1^{m_i} y_i}{n - m_i}$，其中 i 为第 i 次去粗差运算。

故有：

$$V_2 = \frac{\sum\limits_1^{n-m_1}(x_i - \overline{x}_2)^2}{n - m - 1} = \frac{\sum\limits_1^n (x_i - \overline{x}_1 + \overline{x}_1 - \overline{x}_2)^2 - \sum\limits_1^m (y_i - \overline{x}_2)^2}{n - m - 1}$$

$$= \frac{\sum\limits_1^n \left[(x_i - \overline{x}_1)^2 + (\overline{x}_1 - \overline{x}_2)^2 + 2(x_i - \overline{x}_1)(\overline{x}_1 - \overline{x}_2)\right] - \sum\limits_1^m (y_i - \overline{x}_2)^2}{n - m - 1}$$

$$= \frac{\sum\limits_1^n (x_i - \overline{x}_1)^2 + n(\overline{x}_1 - \overline{x}_2)^2 - \sum\limits_1^m (y_i - \overline{x}_2)^2}{n - m - 1}$$

$$V_{i+1} = \frac{n_i - 1}{n_i - m_i - 1} V_i + \frac{n_i - 1}{n_i - m_i - 1} (x_i - \overline{x}_1)^2 - \frac{\sum_{1}^{n_i - m_i} (y_i - \overline{x}_{i+1})}{n_i - m_i - 1}$$

从改进的均值公式和方差公式可以看出，得到的是两个迭代公式。本次去粗差运算使用上一次的运算结果，求和时只需要对被剔除的少量数据进行，并且乘除法、平方开方运算明显减少。

以往算法为取数组 $X[n]$ 存放原始数据，将不满足准则的粗大误差放到 $Y[m]$ 中存放。这样 $X[n]$ 中每剔除一个数据就要将该数据位置后面的所有数据向前复制移动，这样带来的时间和存储空间损耗很大。

本软件改进方法是只使用一个数组，如果发现第 i 位置的某个数据为粗差，就把该数据与最后面的 n 位置数据做交换，再判断第 i 位置上新的数据是否为粗差，若是则将其与 $n-1$ 位置数据做交换，否则继续判断第 $i+1$ 位置，依次进行。

可见，改进处理方式避免了大量数据的复制、移动，从而节省了运算时间和内存空间。

表 4.3   不同数据量的数据文件新老算法对比

Run EX test on	classic/double cost（s）	deduction/double cost（s）	cycle（次）
f:\\gyro\\bin_i_data1_1.dat 600KB	10	8	6
f:\\gyro\\bin_i_data1_2.dat 1.0MB	29	22	9
f:\\gyro\\bin_i_data1_3.dat 1.2 MB	59	42	12
f:\\gyro\\bin_i_data1_4.dat 1.5 MB	82	63	13
f:\\gyro\\bin_i_data1_5.dat 1.8 MB	89	70	11
f:\\gyro\\bin_i_data1_6.dat 2.0 MB	118	82	12
f:\\gyro\\bin_i_data1_7.dat 2.5 MB	126	91	11
f:\\gyro\\bin_i_data1_8.dat 3.0 MB	160	114	12
f:\\gyro\\bin_i_data1_9.dat 3.5 MB	164	122	11
f:\\gyro\\bin_i_data1_10.dat 4.0 MB	184	140	11

注：表中 classic/double 表示经典算法；deduction/double 表示改进算法；cost 为去粗差并获得最终均值的耗时，单位为秒；cycle 为循环运算的次数。

4.3 系统集成中的硬件设备改造

前节已指出，要实现空地一体化快速成图的目标，RS/GPS/TS/FOG 系统的高效集成开发是关键。为此，既要解决用作测绘底图的大容量无人机影像能在 PAD 上快速流畅地显示,又要解决 GPS/TS/FOG 定位定向外业采集软件的开发,同时还要做好系统中原有如光纤陀螺、全站仪、测距棱镜、GPS 等硬件设备的改造加工与无缝安装,其中发挥无线通信功能的蓝牙模块(最新采用短信模块替代)还离不开软件技术的支撑。

4.3.1 超棱镜设计与改造

超棱镜是为了配合 GPS/TS/PAD(研究初期是采用 PDA)组合定位测绘系统的研制而自主设计的。虽然它看起来结构简单,但在系统中发挥的作用足够精妙。

4.3.1.1 功能与结构设计

超棱镜是由在同一中心线上的反射棱镜、测量升降杆和 GPS 接收机三部分组成。在结构方面上三者之间属于组合式结构,既可以组合发挥超棱镜作用,也可以分开发挥各自的作用。此外,在功能方面设计了以下三点:

(1)真实坐标定位功能

超棱镜一般配备双频 GPS 接收机,在 GPS 卫星信号接收良好的地方,以常规 RTK 方式或网络 RTK 方式获取超棱镜的高精度 WGS-84 坐标,并利用坐标联测或已有的坐标转换参数实时转换成测区地方坐标,在整个系统中发挥测图控制点的作用。

(2)自由坐标定位功能

考虑到地形图测绘视线大多在 500 m 以内,一般配备单棱镜即可。配合自由设站的全站仪主机测定两者之间的距离,在全站仪自由坐标测图模式下,测定超棱镜的高精度自由坐标,在整个系统中发挥公共控制点的作用,为后续图形坐标转换提供准确的坐标转换参数。

(3)反推全站仪位置功能

配合自由设站的全站仪主机测定两者之间的距离,在全站仪真实坐标测图模式下,按测边后方交会推算全站仪设站点坐标。

4.3.1.2 硬件改造与装配

将全站仪棱镜进行改造,在棱镜头上方加装一个螺栓,该螺母型号能与绝大部分 GPS 天线螺母配套,使得 GPS 天线能安装到棱镜顶端上。GPS 天线中心与棱镜中心,在对中杆对中情况下,水平偏离误差不超过 3 mm。装配后的实物如图 4-24 所示。

超棱镜使用非常方便,在对控制点进行测量时,使用三脚架或者直接使用测量杆上气泡进行对中,保证 GPS 接收机在测量位置的垂直状态,以 RTK 方式发挥其特有的双坐标测量功能;在对一般地物点的测量中,作为普通测量棱镜配合全站仪使用。

图 4-24 超棱镜和全站仪

4.3.2 数字通信模块设计与研制

数字通信模块是为了配合 GPS/TS/PAD(研究初期是采用 PDA)组合定位测绘系统的开发而自主研制的。虽然它看起来体积不大,却为系统 GPS 定位数据和全站仪测量数据传输到 PAD 中发挥关键性的作用。

4.3.2.1 测量数据传输方案设计

GPS/TS/PAD 组合定位系统测量数据传输 GPS 与 PAD 间数据通信、全站仪与PAD 间数据通信。

（1）全站仪数据通信方式

单纯的全站仪系统不具备图形操作功能,要实现外业测绘时现场构图功能,必须对全站仪系统进行升级改造,使之能与轻便灵活的 PAD 组合操作。因此需要研究中低功耗、近距离不间断无线通信方法,研制无线传输模块,满足 PAD 与多种全站仪间近距离无线传输,实现全站仪系统与 PAD 的集成。

全站仪的数据通信方式主要有两种:一种是利用全站仪配置的 PCMCIA(Personal Computer Memory Card Internation Association,个人计算机存储卡国际协会)卡进行数字通信,特点是通用性强,各种电子产品间均可互换使用,但数据获取实时性差;另一种是利用全站仪的通信接口,通过电缆进行数据传输,特点是实时性强,但需要目标设备提供接收数据的软硬件接口。如果直接使用电缆线传输方式,由于 PAD 不具备串口接口,无法直接实现通信,若在 PAD 端添加串口通信模块,则由于全站仪的串口线缆长度一般为2 m,使得测绘人员的活动范围受到了很大限制,降低了测绘工作的效率。

（2）GPS 数据通信方式

GPS 接收机数据通信方式有三种，即串口通信方式、蓝牙通信方式以及网络通信方式。串口通信需要数据线与目标设备连接，而蓝牙通信则是一种局域短距离无线传输方式，由于传输距离近（十几米）而使应用受到一定的限制。网络通信方式则是以广域 GPRS、3G、4G 为主的网络通信方式，原则上不受距离限制。

（3）系统集成采用的通信方式

通过对全站仪、GPS 接收机及 PAD 的通信方式研究，系统舍弃了之前采用的蓝牙通信方式，而是通过研制独立的点对点短信数据转发模块对全站仪、GPS 接收机进行功能扩展，使得模块间通信基本不受距离限制，实现远距离数据传输，并且使模块在一次性充满电后能稳定工作 20~30 h，确保全站仪与 PAD 之间的数据高效稳定传输，有效地进行系统集成。

4.3.2.2　数字通信模块的研制

GPS/TS/PDA 集成研发初期，全站仪与 PDA 之间数字通信模块采用的是自主开发的蓝牙串口通信，解决短距离数据传输问题；同样超棱镜端 GPS 与 PDA 之间也采用蓝牙串口通信；而对于超棱镜端 PDA 向全站仪测站点 PDA 发送控制点的 GPS 定位信息，由于两者之间距离的不确定无法采用蓝牙通信模式，需要专门为系统设计 GPRS 网络通信方式，如图 4-25 所示。

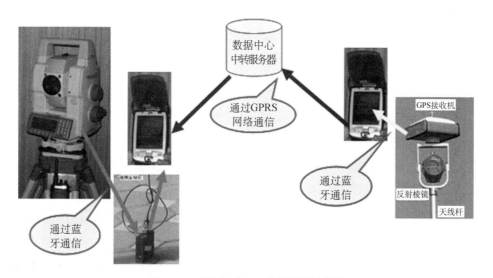

图 4-25　GPS/TS/PDA 数据通信流程图

（1）短距离蓝牙模块研制

日常使用的全站仪只支持串口通信，串口通信不仅有串口线长度的限制（一般为

2 m),而且在外业使用有线方式总是不方便;对于 PDA 而言一般没有串口接口,较为普遍的是采用蓝牙无线通信技术。为此,需要对全站仪进行升级改造,研制串口转蓝牙模块,使全站仪直接可以和 PDA 进行通信。

蓝牙是一种支持设备短距离通信的无线电技术,功率级别分 CLASS1 100 m 距离和 CLASS2 10 m 两种。系统早期蓝牙串口模块采用的是南京国春电气设备有限公司生产的 GC-02 CLASS2 贴片式蓝牙模块,GC-02 蓝牙模块设计采用了 CSR 公司的 AUDIO-FLASH 蓝牙芯片,自带高效板载天线,最适合工业数据、语音传输,是高质量的 CLASS2 蓝牙模块,其实物图如图 4-26 所示。

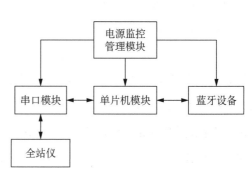

图 4-26　蓝牙串口模块实物图　　　　图 4-27　蓝牙串口模块结构框图

蓝牙模块内研制了数据无线转发装置,该装置能准确接收全站仪通过串口发送的测量数据,然后再通过蓝牙转发给 PDA,实现了全站仪和 PDA 在短距离范围内的稳定可靠的数据通信。数据无线转发装置主要由电源监控管理模块、单片机模块、蓝牙模块和串口模块组成。图 4-27 是蓝牙串口模块的结构框图。

在系统完成软硬件调试的基础上,利用本装置在东南大学四牌楼校区进行试验测试。试验方法为:一端利用笔记本电脑通过 USB 转 RS232 串口线和本装置连接,来模拟全站仪,另一端选用美国 Trimble 公司的 Recon 型号 PDA,内置蓝牙版本为 V2.0;笔记本电脑上安装串口调试助手软件,PDA 上安装为本次试验编写的可以通过 PDA 蓝牙接收数据的软件;在试验中,先使本装置和 PDA 的内置蓝牙设备建立蓝牙链接,然后笔记本电脑不断通过串口向本装置发送数据,PDA 端则接收本装置通过蓝牙转发的数据。表 4.4 列出了部分试验结果,表中距离表示笔记本电脑和 PDA 之间的距离,发送表示笔记本串口发送的数据,接收表示 PDA 蓝牙接收到的数据,单位为字节。

表 4.4　试验结果

组号	距离(m)	发送(Byte)	接收(Byte)	发送(Byte)	接收(Byte)	发送(Byte)	接收(Byte)
1	5	135	135	350	350	124	124
2	10	131	131	255	255	120	120
3	15	112	112	254	254	138	138
4	20	145	145	240	240	175	175

试验结果表明,在空旷区域,该装置能稳定可靠地实现 PDA 与全站仪在 20 m 范围内的数据传输。由于利用本装置和 PDA 进行蓝牙通信,通信距离还受 PDA 内置蓝牙性能和版本,以及应用场地中视野开阔等因素的影响,所以本装置一般可以实现 PDA 与全站仪在 10 m 范围内的数据传输。

(2) 网络通信方式搭建

由图 4-25 可知,为解决超棱镜端 PDA 向测站点 PDA 发送 GPS 控制点定位信息,需要专门为系统设计网络通信模块。由于两台 PDA 都通过 GPRS 或 CDMA 无线网络连接到互联网,两台 PDA 没有固定的 IP 地址,而且无线网络带宽有限,通信不稳定,因此无法直接建立稳定的通信线路,需要通过专门的中转服务器进行通信。

网络通信模块从应用上分为三部分组成,控制点 PDA、数据中转服务器和测站点 PDA,将控制点 PDA 和测站点 PDA 都看作客户端,数据中转服务器看作服务器端,是一个典型的基于客户端/服务器的即时通信架构。事实上,中转服务器并不是专门独立为两台 PDA 之间传输 GPS 定位信息所设计和开发的,在许多需要即时网络通信的系统中都有应用需求,特别是基于非固定 IP 的无线网络通信中。

中转服务器需要运行在一台有固定 IP 的计算机上,软件程序采用 Windows 服务的方式进行运行。程序运行如图 4-28 所示。

PDA 客户端的设计相对比较简单,和服务器不同的是 PDA 客户端需要主动地发起网络连接。主程序端(测站点 PDA)在需要连接中转服务器时,调用函数连接中转服务器,并在反应器中注册。当收到中转服务器转发来的控制点 GPS 定位数据时,反应器会采用回调处理器的方法进行接收。辅助程序端(控制点 PDA)也同样如此,连接上中转服务器后,将接收到的 GPS 定位信息放入反应器的发送消息队列,由反应器将其发送到中转服务器。

基于中转服务器的网络通信模块的设计包含了许多设计细节,例如数据传输格式、数据加密解密、安全验证、网络超时、数据库存储,等等。由于涉及多个系统内核,在此就不做详细的介绍。控制点处 PDA 和测站点处 PDA 通过网络发送、接收 GPS 定位信息的程序界面如图 4-29 和图 4-30 所示。

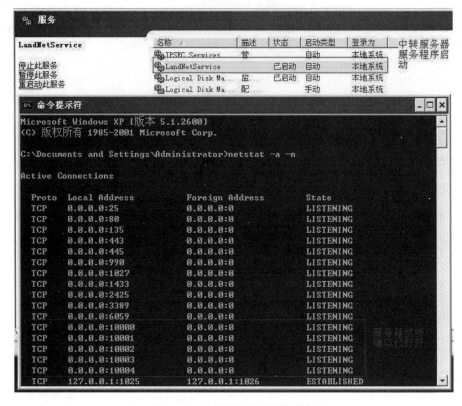

图 4-28   中转服务程序运行痕迹

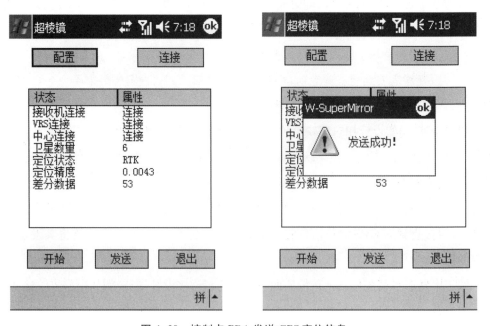

图 4-29   控制点 PDA 发送 GPS 定位信息

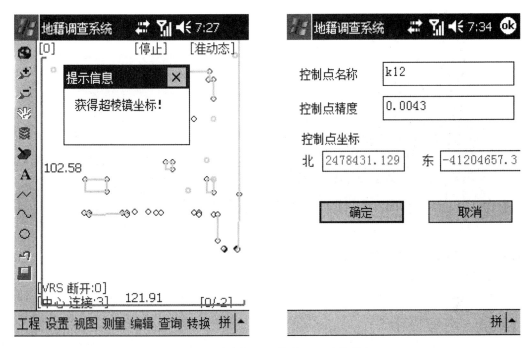

图 4-30 测站点 PDA 接收 GPS 定位信息

（3）短信 GSM 通信模块开发

考虑到 GPS/TS/PAD 集成系统单次测量传输的数据量较小,因此在系统改进中不再采用制约条件多的蓝牙通信和建立中转服务器方式,而是全新引用并开发基于点对点的开放式的 GSM 通信模块,从根本上解决全站仪、棱镜、GPS 与 PAD 之间的远程数据通信难题。

GSM(Global System for Mobile Communication)系统,是目前基于时分多址技术的移动通信体制中比较成熟、完善、应用最广泛的一种系统。其中短信息业务 SMS(Short Message Service)实现简单,它采用的是存储-转发模式,即短消息被发送出去之后,不是直接发送给接收方,而是先存储在短消息服务中心(SMSC),然后再由短消息服务中心将短消息发送给接收方。这种方式利用信令信道传输,不用拨号建立连接,具有通信成本低、性能好、抗干扰能力强、频谱利用率高、系统容量大、有保证的双向服务等优点,较好地满足了测量数据无线快速传输的要求。

短信 GSM 模块采用 TC35i 芯片进行设计,其实物如图 4-31 所示。GSM 模块委托专门通信技术公司研发,有关 SMS 传输方式以及 PAD 上收/发短消息的流程详见参考文献[38]。

图 4-31　短信 GSM 模块结构图与实物图

4.3.3　FOG 接合器设计与安装

光纤陀螺接合器是为了配合 FOG/TS/PDA 组合定向系统的开发而进行的设计改造与装配。虽然它看起来结构简单,却要保证光纤陀螺在全站仪上的即插即用与拆卸方便。

4.3.3.1　FOG/TS 组合结构设计

全站仪和光纤陀螺各自经过改造,光纤陀螺通过连接器与全站仪视准轴所在的望远镜固联,安装时需满足两个条件:光纤陀螺可随望远镜在竖直面内自由做 180°转动;尽量保持光纤陀螺敏感轴与全站仪横轴垂直或视准轴平行。两者硬件构成及安装如图 4-32 所示。

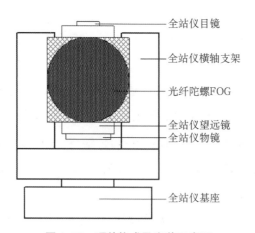

全站仪目镜

全站仪横轴支架

光纤陀螺FOG

全站仪望远镜
全站仪物镜

全站仪基座

图 4-32　硬件构成及安装示意图

如此设计呈现以下基本特点:

1)现有全站仪经过改造,配一由光纤陀螺改造的定向器即可使用。

2)可即插即用,操作简单方便,携带方便。

3）用于连接的锁紧装置制造简单,选材上除了要求结实牢固、尽可能轻便外,没有特殊要求。

4）作业时无须各种误差标定,主要系统误差可以被自动补偿。

5）成本低,一般测绘单位均可承受。

4.3.3.2　FOG/TS 硬件改造与安装

将全站仪望远镜进行改造,在望远镜侧面加装一个锁紧装置,如图 4-33 所示。将光纤陀螺也进行改造,委托 1002 厂加工光纤陀螺保护盒及插销装置,将光纤陀螺安装在里面,形成定向器,如图 4-34 所示。再将由光纤陀螺改造的定向器通过锁紧装置安装到全站仪上。安装后的效果如图 4-35 所示。

图 4-33　全站仪锁紧装置　　　　图 4-34　FOG 定向器　　　　图 4-35　FOG/TS 组合

4.3.3.3　FOG 供电电源

FOG/TS 组合定向系统在野外测量时,没有室内这样稳定方便的供电设施,必须设计一套光纤陀螺供电电源。考虑到野外工作耐久性、便携性特点以及价格因素,本系统采用了以镍氢蓄电池为核心的供电电源设计加工方案。

（1）光纤陀螺供电要求

光纤陀螺稳定工作应满足三方面要求:①电源能够固定输出双路正负电压＋5 V、－5 V;②正负通道均能够稳定提供最大 1 A 的电流;③稳压精度为±1%。

（2）FOG 电源加工方案

为了保证光纤陀螺 7 h 的稳定工作,供电电源的容量必须至少为 2 A×7 h＝14 A·h（安时）。考虑到电池直接给光纤陀螺供电容易造成电源波动,影响陀螺的正常工作,更为重要的是电池不能提供负电压,因此还必须用 DC-DC 模块进行稳压、变压。

目前市场上一般成熟的 DC-DC 模块输入电压在 10 V 以上,由于单节镍氢电池放电电压为 1.2 V,电流为 1 A,容量为 7 A·h,可以采用 10 节电池串联成 12 V 电压,同时和另外 10 节电池并联组成整个电池组,整个电池组放电电压 12 V,最大电流 2 A,容量为 14 A·h,可以保证光纤陀螺稳定工作 7 h。

为了提供±5 V 双路稳定电压,选用北京汇众公司的 HZD10D-12D05 型号 DC-DC 模块,输入范围为 9～18 V,输出为±5 V,每路电流为 1 A,稳压精度为±1%,转换效率为 80%,功率为 20 W。

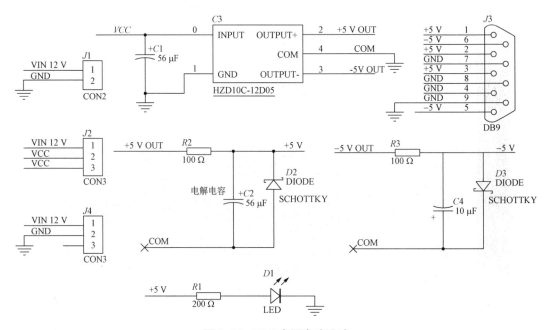

图 4-36　FOG 电源电路设计

光纤陀螺电源的设计电路如图 4-36 所示:在 HZD10D-12D05 模块的输入端和输出端设计了两个 56 μF 的电解电容 C1 和 C2 用于滤波,在每路输出端加上 1 个 100 Ω 电阻,同时设计了肖特基管用于防止电源模块击穿。另外为了显示整个电源的正常工作状态,在输出端设计了红色 LED(D1)。LED 正常工作时电流为 20 mA 左右,所以在 LED 前面加了 200 Ω 的电阻,5 V/200 Ω=25 mA,即为本电源 LED 正常工作时的耗电电流。当开关 J2 打开时,LED 灯会点亮发出红光,表示电源供电正常。光纤陀螺的数据端口有自己的定义,整个电源模块的输出采用 DB9 接口,并匹配光线陀螺和数据端口的定义。

4.4　本章小结

本章是在第二章系统总体架构与集成设计的基础上,将第三章提出的 RS/GPS/TS/FOG 组合测绘思想及其中的多项关键技术与核心算法进行软件开发与硬件组装,以构成空地一体化快速成图较为完备的软硬件系统。

本章在提出系统需求分析与集成方案构想的基础上，针对系统集成中的无人机图件高效压缩与实时显示、GPS/TS 组合定位系统开发、FOG/TS 安装设计与定向软件开发等技术关键进行逐一解决与实现；还对系统集成中的硬件设备如光纤陀螺及供电模块、全站仪、测距棱镜、GPS 等进行设计加工与无缝组装，对于发挥无线通信功能的蓝牙模块（最新采用短信模块替代）还从软件技术层面予以支撑开发，从系统优化与设备更新的角度对"十一五"期间开发的模块及软件进行改造与升级，使之进一步地保障系统集成的可靠性和实用性。

第五章　试验验证与实际应用

　　本课题研究并实现了空地一体化的快速成图系统,为了检验该系统试验测试效果如何,在实际工作中是否具有实用性,能否适用于各种复杂环境下稳定工作,实际测绘精度能否满足国家规范要求,与常规方法相比有何优势等等,本书依托东南大学以及承担的国家科技支撑计划课题,分别在江宁校区进行试验测试以及在北京、上海等示范区进行实际应用。在大量试验应用数据的基础上,从实用性、成果质量、工作效率等方面与常规方法进行了对比分析,表明本系统技术流程畅通,操作简洁,具备了实际应用的可行性,而且在精度、效率和经济效益方面均有全面提高。

5.1　试验应用总体概况

　　本研究的空地一体化快速成图系统,主要是致力于无人机航测系统的技术改进、地面GPS/TS/FOG测绘系统的技术集成,最终形成空地一体化的快速成图系统(RS/GPS/TS/FOG)。其中无人机航测系统的技术改进主要集中在无人机影像传感器的改进、差分GPS辅助无人机空三解算试验、轻型POS辅助无人机空三解算试验,相应的试验应用已在第三章详细介绍。在系统集成中无人机影像主要用作地面测绘PAD中的工作底图,影像高效压缩与快速显示技术显得尤为重要,相应的试验应用已在第四章详细介绍。因此,本章重点是介绍地面GPS/TS/FOG组合测绘系统在东南大学江宁校区的试验测试分析以及在北京、上海等示范区的实际应用评价。

5.1.1　子系统改进的试验测试

　　在无人机影像传感器改进方面,以江西永修县的典型地貌作为试验区,将新推出的五种大幅面相机与测绘行业广泛应用的佳能 5D Mark Ⅱ相机,在同等条件下分别进行搭载拍摄与空三加密,通过试验数据比较,验证了大幅面相机较 5D Mark Ⅰ 在飞行效率方面大大提高、像控点需求数显著降低、测图精度明显提高。详见第三章试验所述。

在 GPS 辅助无人机空三加密方面,采用国内第一款针对无人机机载后差分辅助空三而设计的产品 AG-200 航空 GNSS 接收机,在江西永修县同一试验区开展了 AG-200 GPS 辅助空三试验,可以得出:GPS 辅助空三对空三精度有很大的提高,目前还不能直接替代全野外布点的方案;以目前的 GPS 接收机的更新频率,无人机的 GPS 辅助空三通过线性内插的方式得不到好的解算结果,需要一种更高的内插精度才能满足无人机的特性,TTL 是一个不错的选择。

在 POS 辅助无人机空三加密方面,在江西永修县同一试验区开展了 POS 辅助空三试验。采用 UMC15 通过 200 Hz 的 IMU 观测值与 5 Hz 的 GNSS 观测值组合后处理计算,有效解决了 AG-200 辅助差分方案中摄站坐标内插间隔较大、内插精度不高的问题,辅助空三或无控空三的效果显著提高。详见第三章试验所述。

在无人机影像压缩与嵌入式 GIS 下快速显示方面,课题组基于小波变换的图像压缩算法,开发了 TIFF 影像图压缩软件,试验测试结果表明,该软件能满足大容量无人机影像图的压缩处理功能以及不同压缩率下的图像压缩需求;压缩影像图导入嵌入式设备中,采用分块压缩显示的方法能达到预期的效果,尤其在大比例尺下,显示效率有明显提高。详见第四章试验所述。

在 GPS/TS/PAD 组合测绘系统改进方面,课题组在东南大学江宁校区,以校园四等 GPS 网点和一级导线网点作为精度检测的基准点,测试中以航空遥感影像作为测绘工作底图,分别针对 GPS 加密控制点与地物点进行精度对比以检测系统性能与实际测量精度。

5.1.2　集成系统的实际应用

本课题研发的 RS/GPS/TS/FOG 组合测绘系统,"十一五"期间初期成果曾在北京的石景山、宣武、丰台三区进行了 GPS/TS/PDA 地籍调查测绘的示范应用;在上海宝山、奉贤、崇明三区县进行了 GPS/TS/PDA 地籍调查测绘的示范应用以及 FOG /TS /PDA 高精度定向应用测试。除此之外,该系统还在河南邓州示范区、四川及陕南地震灾后重建中进行了实际应用。

5.2　试验测试及精度检验

为了验证新改进的集成系统实际应用效果,依托东南大学江宁校区已有的高精度控制网点,部分点位分布如图 5-1 所示,对系统进行性能测试与精度检验。

图 5-1　校园高精度控制网点分布图

5.2.1　测试概况

本次系统测试由课题研究组成员 4 人与江苏省测绘产品质量监督检验站质检员 2 人组成测试小组,于 2014 年 6 月对改进后的 GPS/TS/PAD 组合测绘系统进行联合测试。其中性能测试区域涉及整个校区,主要是利用该系统以影像图作为工作底图来实测校园地形图,以检验系统的可靠性与实用性;精度测试区域位于校区两江北路南面,主要是通过对比 GPS/TS/PAD 测绘方式与常规测绘方式,以检验系统的测量精度。

主要测试设备有:超棱镜(中海达 H32 GPS 接收机、对中杆、棱镜)、徕卡 TPS800 全站仪、平板电脑、外业数据采集构图软件、短信通信模块、三脚架等。

5.2.2　测试方案

为了有效检验系统的性能状况与测量精度,设计的测试方案如下:

(1) 在测试区域的 E 级 GPS 控制点上进行 GPS RTK 固定解测量,利用控制点的地方坐标和 GPS 测量的 WGS-84 坐标求取 WGS-84 坐标系到地方坐标系的转换参数。

(2) 在测试区域内随机选取方便进行 GPS 测量的点作为加密控制点,利用 GPS 接收机测量加密点的 RTK 固定解,利用步骤(1)求取的转换参数获取加密点地方坐标。

(3) 使用 PAD 端数字采集构图软件,导入 RS 影像图作为测绘工作底图,然后在每个作业块中利用自由设站方式测绘校园地形图以及步骤(2)选取的加密点测量,在 PAD 软件中对测量数据进行初步成图。

(4) 完成测试区域所有作业块测绘后,利用连接点进行作业块图形平差并进行坐标统一,将所有作业块统一到同一个自由设站坐标系下。

(5) 利用自由设站观测的控制点坐标和已知的地方坐标,求取转换参数,将步骤

(4)得到的数据转换到地方坐标系下,得到本系统的外业线划图,再利用 CASS 软件进行图件标准化。

（6）精度对比。在测试区域内已知地方坐标的控制点上架设全站仪,利用另一个控制点作为定向点进行测量,获取步骤(2)测量的加密点和步骤(3)测量的碎部点坐标,作为常规测量值,与步骤(2)和步骤(5)得到的数据进行对比分析,统计本系统的工作精度。

5.2.3　测试结果

系统性能测试在整个江宁校区内进行。以四等 GPS 点 GE01、GE02、GE03、GE04、GE07、GE08 作为测区控制点,通过坐标联测获取校园区域 WGS-84 坐标到南京 92 地方坐标的转换参数;再以校园航空影像图(因条件受限未能获取无人机低空遥感影像)作为工作底图,利用 GPS/TS/PAD 按新型测绘方式实测校园地形图。实测的部分校区地形图如 5-2 所示。

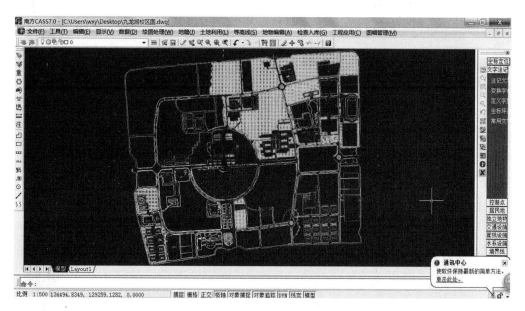

图 5-2　GPS/TS/PAD 实测的校区地形图

系统精度测试在校内局部区域内进行。先以 GPS RTK 方式实测均匀布设的加密控制点,本次共测量加密控制点 43 个;再按全站仪常规测量方式测定具有特征意义的地物点 130 个,用于系统测量精度的测试分析[39]。

采用两种方式进行精度对比,其一是使用本系统全站仪自由设站方式与 GPS RTK 测量方式获取的加密点数据进行对比,其二是使用本系统全站仪自由设站方式与常规测量方式获取的地物点测量数据进行对比,分别统计点位中误差。表中仅列出利用两种方式都能测量到的公共点坐标。具体计算分析如下:

(1) 按同精度检测,计算 X,Y 方向的坐标偏差。

$$(v_x)_i = x_i - x_i' \quad (v_y)_i = y_i - y_i' \tag{5.1}$$

(2) 按同精度检测,计算 X,Y 方向分量中误差。

$$m_x = \sqrt{\frac{\sum_{i=1}^{n} (v_x)_i^2}{2n}} \quad m_y = \sqrt{\frac{\sum_{i=1}^{n} (v_y)_i^2}{2n}} \tag{5.2}$$

(3) 统计点位的整体中误差。

$$m = \sqrt{m_x^2 + m_y^2} \tag{5.3}$$

将本次测试进行数据对比分析,得到加密点和地物点的 X,Y 方向的分量中误差和整体中误差如表 5.1 所示。

表 5.1　加密点与地物点精度分析　　　　　　　　　　　(单位:m)

点类型 ＼ 中误差	m_x	m_y	m
加密点(43 个)	0.017	0.017	0.024
地物点(130 个)	0.027	0.015	0.031

系统测试结果表明:

(1) 改进后新系统软硬件之间数据通信良好,其短信模块可以连续工作两天,能够较好地满足日常测绘需要。

(2) 外业数据采集构图软件界面简洁,操作简单方便,具有较好的人机交互性。

(3) 系统能发挥 GPS 和全站仪各自定位的优势,实现控制点测量与地物点测量的一体化,在图形平差及坐标统一处理后,地物点(界址点)相对于邻近控制点精度优于 ±5 cm,能满足 1:500 比例尺地形地籍图测绘精度要求[23]。

5.3　实际应用及效果评价

课题研究的 GPS/TS/FOG 组合测绘系统,"十一五"期间已取得初步成果,并在北京、上海等示范区进行了实际应用,取得了良好的效果。"十二五"期间面向空地一体化的快速成图目标进行技术优化与开发。

5.3.1　北京示范区应用

5.3.1.1　GPS/TS/PDA 地籍测绘应用

"十一五"期间,结合国家科技支撑计划课题实际需要,在北京市石景山、宣武、丰台三个区开展了利用GPS/TS/PDA进行1∶500比例尺地籍调查测绘的示范应用。应用结果表明,该技术系统性能稳定、精度可靠、操作简便,能够满足城镇地籍调查业务的精度要求[39]。

（1）系统工作流程

根据调查区的实际情况,灵活选用组合测绘系统提供的常规设站模式与自由设站模式。如果是初始地籍测绘,两种模式均可选用,具体根据测站GPS卫星信号的接收环境而定;如果是地籍变更测绘,则宜选用常规设站模式,以便于将已有地籍图导入PDA内作为工作底图,能够快速进行修补测。其中自由设站模式为本系统研究的主要特色。主要工作流程如图5-3所示。

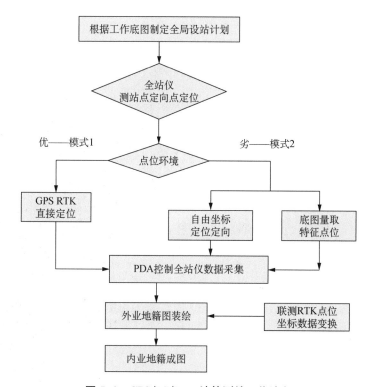

图 5-3　GPS/TS/PDA 地籍测绘工作流程

（2）示范应用案例

以石景山科技园区内前进大学宗地作为典型案例,如图5-4所示。该宗地内部建筑

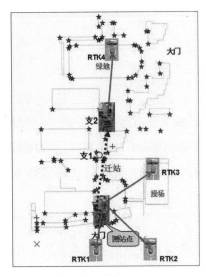

图 5-4　前进大学宗地

物密集,建筑高度一般 4～5 层,只有东南角的矩形小操场和北部的椭圆形绿地较为开阔;宗地四周均有 2 m 高的围墙,除西面是相邻单位外,其他三面均是街道,较为开阔。根据实际地物环境,测绘方案如下:

测站点选择:在前进大学南门附近设立测站点,一方面考虑界址点和地物点的测绘,另一方面兼顾与 3 个图根点(RTK1、RTK2、RTK3)的通视。

自由坐标测图:假定测站点坐标、假定方位角先进行地籍图测绘,如图 5-5 所示。

超棱镜方法测定 RTK 图根点。RTK1、RTK2 位于南面街道上,RTK3 位于小操场,GPS 卫星信号良好。调用坐标转换参数分别测定点位的北京地方坐标。

设立支站点:考虑宗地中部地物点测绘需要,分别设立了支 1 和支 2,并在支 2 点上联测了绿地中的 RTK4。依此完成主要地物点的测定。

PDA 现场构图:根据已测明显地物点,结合钢尺量距,现场装绘地籍图。

整图块图形变换:依据宗地区域内测定的 4 个 RTK 图根点地方坐标和自由坐标,进行图块整体变换,变换后的图形如图 5-6 所示。

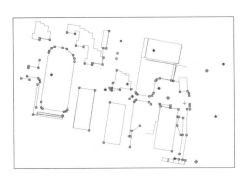

图 5-5　自由坐标测图

图 5-6　整体变换后的图形

5.3.1.2　空地一体化宅基地快速测绘

为了探讨无人机低空影像在大比例尺宅基地调查中的可行性,结合"十二五"北京市科委"农村集体土地智慧产权系统关键技术与示范"课题,选择北京市房山区长沟镇西甘池村为课题任务示范点,课题组与中国地质大学联合开展空地一体化的快速成图应用测试。中国地质大学负责前期无人机低空航摄影像获取,东南大学负责以无人机影像数据作为工作底图开展基于无人机影像的地面 GPS/TS/PAD 快速调查测绘。主要工作流程如下:

(1) 无人机影像纠正

对中国地质大学航拍的每张无人机影像(注:常规技术提供),均匀选取 8 个以上的明显地物特征点,外业以 GPS RTK 定位方式采集高精度的 WGS-84 坐标,用以作为影像纠正的重合点,如图 5-7 所示。内业在南方 CASS 地籍成图软件中以多种纠正模型试验比较纠正效果见图 5-8。

图 5-7　用于无人机影像纠正的 GPS RTK 点分布

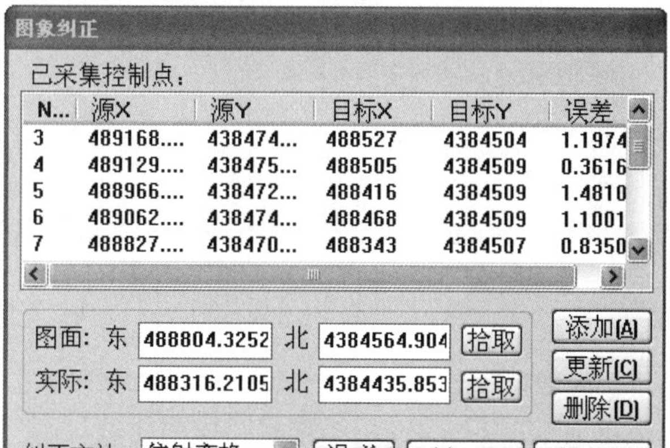

图 5-8　CASS 软件中影像纠正模型选择

采用实地丈量的 14 条地物边长数据作为纠正后的精度检查依据,统计表明,大部分边长较差在 0.1 m 以内,少部分边长较差达到 0.2 m,初步分析判断可能与无人机影像变形不均匀有关。由此获取的界址点及界址边精度尚不能很好地满足 1:500 比例尺宅基地测量精度,但可以满足宗地内的地物测量精度要求。

(2)宅基地界址点测量

鉴于常规技术获取的无人机影像图不能满足1:500比例尺宅基地界址点精度要求,决定采用本课题研究的地面GPS/TS/PAD技术实施界址点测量以及无人机影像受遮挡区域的修补测。对于卫星接收环境好的界址点点位,直接用超棱镜方式接入北京CORS网络,以高精度的RTK方式测定界址点坐标;对于卫星接收环境差的隐蔽界址点点位,以系统的全站仪自由设站方式并配合钢尺勘丈数据测定界址点坐标。

采用实地丈量的部分界址边长数据作为系统测量的精度检查依据。统计表明,大部分边长较差在0.05 m以内,个别边长较差达到0.1 m,初步分析判断可能与棱镜杆立位不一致有关。由此获取的界址点及界址边精度可以满足大比例尺宅基地测量精度要求。

(3)宅基地地籍图绘制

采用南方测绘公司CASS地籍成图软件进行示范村的地籍图绘制。将外业调绘中获取的全村房屋的屋檐改正数据用于宗地内的地物绘制中;将实地调查获取的界址点绘制成宗地图。形成的局部放大图如图5-9所示。

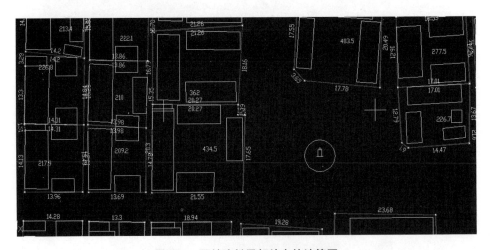

图5-9　西甘池村局部放大的地籍图

应用结果表明,仅采用常规技术提供的无人机低空影像只能满足1:500的宅基地地物测量精度要求,尚不能满足界址点精度需求;而GPS/TS/PAD系统可以满足1:500比例尺界址点测定要求,但工作量较大;空地一体化可以实现地籍调查快速成图的目标。

5.3.2　上海示范区应用

"十一五"期间,结合国家科技支撑计划课题需要,在上海市宝山、奉贤和崇明三个区县开展了GPS/TS/PDA组合测绘系统的示范应用以及FOG/TS/PDA定向精度检测。前者实际应用得出了与北京示范区一致的结论。此处重点介绍后者高精度定向实际应用情况[41]。

5.3.2.1　定向应用流程

利用 FOG/TS/PDA 进行测站定向操作，主要流程步骤如下：

（1）在独立控制点上架设全站仪，要求严格对中、整平。

（2）在全站仪上安装定向器，注意检查光纤陀螺的稳定性。

（3）连接好供电电源，准备好定向计算的已知数据。

（4）按 PDA 指令，依次在四个位置进行光纤陀螺输出量采集。

（5）利用 PDA 内置定向处理软件计算全站仪视准轴所在方位角。

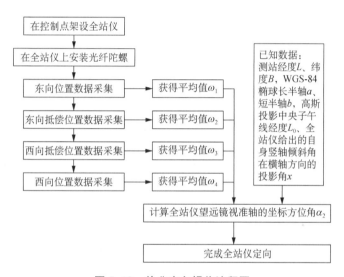

图 5-10　外业定向操作流程图

有关设备安装的操作如图 5-11、图 5-12 所示。

图 5-11　全站仪上安装定向器

图 5-12　PDA 连接工作图

5.3.2.2 完成的定向工作量

上海示范应用组,在宝山、奉贤和崇明三个区县国土分局的配合下,在开展 GPS/TS/PDA 地籍图测绘示范期间,利用测区内常规测量布设的已有成对控制点,开展了 FOG/TS/PDA 高精度定向比对工作。三区县检测的定向边工作量总计 54 条边。

5.3.3 应用效果评价

5.3.3.1 效率对比

采用 GPS/TS/PDA 组合测绘方法,可以明显提高全流程工作效率。主要体现在以下几个方面:

(1)节省了测区控制网布设与加密时间

采用常规技术方法时,必须先在较为分散的测区统一布设 GPS 等级控制网,再加密图根控制网,技术要求高,外业工作量大;采用 GPS/TS/PDA 方法,只需进行测区坐标联测,高等控制点成果完备时还可以省去坐标联测工作。

(2)节省了频繁寻找控制点和重复设站时间

按常规方法布设的大量控制点极易破坏,细部测绘时频繁寻找控制点费时费力,找到后也会多次重复设站;采用 GPS/TS/PDA 方法,是控制细部一体化作业,自由设站随测随走。

(3)节省了内业编图和草图数据核对时间

按常规方法是外业大量采集数据配草图,内业编图工作量大,有时还会草图数据不清而占用大量时间;采用 GPS/TS/PDA 方法,PDA 中导入测区影像图或线划图作为工作底图,外业现场直接可视化构图,无须绘制地物关系草图,内业工作量大大减少。

以北京示范区实际应用为例,在人员和仪器数量相同条件下,常规方法和新方法对比分析如表 5.2 所示。

表 5.2 各示范区两种技术方法用时对比

示范区	常规方法所需时间(天)			新方法所用时间(天)			节约时间(天)	提高效率(%)
	加密控制选理、观测	地籍细部测量	地籍图编绘	坐标联测	地籍细部测量	地籍图编绘		
石景山	5	16	4	1	16	3	5	25
宣武	3	5	3	1	5	2	3	38
丰台	4	6	3	1	6	2	4	44

由此测算,采用 GPS/TS/PDA 方法(尤其是技术升级后的 GPS/TS/PAD),整体工作效率可以提高 30% 以上。

采用 FOG/TS/PDA 组合定向测绘方法,也可以明显提高全流程工作效率。主要体现在:既降低了布设要求又适当减少了控制点数量。按常规测绘方法,控制点必须满足成对布设、相互通视的要求,而 FOG/TS/PDA 方法只需独立布点,单点即可定向,仅此一项就可以至少节省 1/3 的时间。可以预测,采用 GPS/TS/FOG 方法可望提高工作效率 40% 以上。

5.3.3.2　精度对比

采用 GPS/TS/PDA 组合测绘方法,优化了常规地籍测绘技术流程,减少了测量误差的积累,也带来了整体精度的提高。

GPS/TS/PDA 组合测绘系统在北京市示范区实际应用以及与常规测绘图件对比,表明系统实测精度可靠,还对比查出已有图件的部分粗差。

(1) 控制点精度校核

三个示范区坐标联测后,控制点精度校核误差最大为 ±3.7 cm,能满足 1∶500 地籍测绘所要求的 ±5.0 cm 的指标要求[42]。

(2) 界址点和地物点精度比较

选取各宗地以围墙拐点为主的界址点和明显地物点(如房角点、门墩拐点等),与原有或新测的地籍图进行比较,各区抽查结果统计见表 5.3。

表 5.3　同名界址点和地物点检核结果表

示范区	抽查总点数	点位差值	0~10 (cm)	>10~20 (cm)	>20~30 (cm)	>30~40 (cm)
石景山	50	个　数	35	10	5	0
		百分比	70%	20%	10%	0
宣武	23	个　数	18	3	2	0
		百分比	78%	13%	9%	0
丰台	36	个　数	25	8	3	0
		百分比	69%	22%	8%	0
备　注			界址点、明显地物点	界址点、明显地物点	一般地物点	一般地物点

由表 5.3 可以看出:界址点点位坐标差大多在 10 cm 以内,个别在 10 cm 以上;同名地物点点位坐标大部分相差在 20 cm 以内,满足规范中地物点点位中误差不超过

±20 cm 的指标要求。个别相差较大的点,与现场对界址点的选择(墙外侧还是墙内侧)以及棱镜自身几何结构产生的偏心误差有关。

(3) 地物间距精度检核

为了检核宗地内部非相关地物间的符合关系,在测绘过程中用钢卷尺随机检查了所测宗地中部分地物间距,差值最小为 0 cm,最大为 16 cm,优于 1∶500 地籍图地物间距中误差±20 cm、极限误差±40 cm 的精度要求。数据统计如表 5.4 所示。

表 5.4　地物间实地距离与图上距离差值统计

示范区	抽查边总条数	距离差值	0~5 (cm)	>5~10 (cm)	>10~15 (cm)	>15 (cm)
石景山	27	条数	8	15	3	1
		百分比	30%	56%	11%	4%
宣武	23	条数	7	13	2	1
		百分比	30%	57%	9%	4%
丰台	27	条数	10	12	4	1
		百分比	37%	44%	15%	4%

(4) 定向精度比对

将上海示范区采用 FOG/TS/PDA 实测的 54 个方位值与由已知点反算的方位角值进行了精度比对,统计结果见表 5.5 所列。

表 5.5　上海示范区定向精度统计

示范区	方向数	0″~60″	>60″~120″	>120″
宝山	19	15	4	0
奉贤	21	15	5	1
崇明	14	10	4	0
小计	54	74%	24%	2%

由表列可知 98% 的边自主定向后与已知方位差在 2′ 以内,可以满足地形地物点测量精度要求(界址点测量时方位差宜在 1′ 以内)。

5.4　本章小结

通过试验测试以及北京、上海示范区的实际应用,基于 RS/GPS/TS/FOG 的集成测绘系统已显示出其优越性,可以为大比例尺地形地籍测绘工作提供可靠、快捷、高精度的数据采集与处理手段；与常规地面测绘方法相比，大大减少了外业测绘时间，降低了劳动强度，提高了外业工作效率；系统操作简单、实用性较强，能够较好地用于日常的地形图测绘、地籍变更测绘及相关的土地管理业务。

第六章　总结与展望

6.1　课题主要研究工作

本课题面向我国新型城镇化与新农村建设中村镇区域应急测绘和按需测绘的紧迫需求,在全面分析现有大比例尺成图技术手段与各自优缺点的基础上,提出了空地一体化的快速成图构想,并对系统集成及软硬件开发中的关键技术展开研究。主要研究工作及成果归纳如下:

(1)空地一体化的快速成图体系框架与业务流程的构建。基于空地一体化的快速成图构想,研究了系统的体系结构和总体框架,梳理出系统集成所涉及的关键技术和集成方向。在此基础上进行了系统集成的总体设计与分系统设计,为系统集成开发构建了明确的开发目标。文中还针对无人机航测成图与地面 GPS/TS/FOG 组合成图各自的技术流程特点,提出了支撑空地一体化快速成图系统的新型业务流程,从宏观上解译了实现快速成图目标的理论依据和技术可行性。

(2)轻小型机载 POS 辅助空三技术研究与精度分析。结合机载传感器的改进,开展了 DGPS 辅助空三与 DGPS/IMU 辅助空三两项技术在无人机航测成图中的研究试验。结果表明:单纯的 DGPS 辅助无人机空三解算对空三精度虽有较大的提高,但目前还不能直接替代全野外布点的方案,而且 DGPS 得到的摄站坐标精度尚不均匀,快门同步精度会直接影响辅助空三的精度。"A7R+AP15"为现阶段超轻型 POS 最优组合方案,有效解决了单纯 DGPS 辅助空三方案的不足,显著提高成图精度和成图效率。

(3)地面 GPS/TS/FOG 组合定位定向算法及精度分析。针对地面定位复杂环境以及 GPS 信号盲区严重影响测图的问题,研究了自由设站模式下的后方交会算法与坐标变换算法、FOG 辅助全站仪四位置寻北核心算法以及真方位角与坐标方位角的转换算法,优化开发了基于 GSM 网络的 GPS/TS 组合定位系统与 FOG/TS 自主定向系统,解决了隐蔽地区快速定向问题,有效提高了复杂环境下的数字化成图精度和效率。

（4）无人机影像高效压缩与快速显示技术研究。基于小波变换的图像数据压缩技术，研究分析了快速小波变换方法、嵌入式零树小波（Embedded Zerotree Wavelet，EZW）算法以及自适应算术编码算法，开发了桌面版 TIFF 影像图压缩软件，测试表明该软件能够根据所设定的压缩率，满足不同压缩率下的大容量影像的压缩处理。为使压缩后的图像能在嵌入式平台上快速流畅地显示，本课题提出了基于影像分块压缩和动态导入的快速显示策略，测试结果表明：放大比例尺越大，显示效率越有明显的提高，且以 6×6 分块数据的显示效率最高。

（5）系统软硬件集成开发与测试应用。针对系统集成开发中的软件技术关键逐一研究解决与实现，还对系统集成中的系列硬件设备进行设计加工与无缝组装；对于发挥无线通信功能的短信模块还从软件技术层面予以支撑研发，从系统优化与设备更新的角度对"十一五"期间开发的模块及软件进行改造与升级，使之进一步地保障系统集成的可靠性和实用性。测试应用表明：本课题研发的系统能显著提高外业工作效率，组合成图精度及均匀性同步提高，FOG 辅助全站仪定向获得的方位精度能较好地满足日常地形图测绘要求。

6.2　主要创新点

本课题研究中的创新点主要有以下几点：

（1）构建了空地一体化快速成图技术框架，设计了无人机与 GPS/TS/FOG 集成方案与快速成图的业务流程，并验证了方案的可行性和优势。

（2）优化了 GPS/TS 实地测绘方法，并集成开发出一种新型超站仪系统，有效提高了复杂环境下的数字化成图精度和效率。

（3）设计了光纤陀螺辅助全站仪自主定向方案，提出了 FOG/TS 四转位定向算法，开发出轻小型的快速定向系统，解决了隐蔽地区快速定向问题。

（4）基于小波变换改进了影像分块压缩算法和动态导入的快速显示策略，满足了嵌入式平台上测绘底图数据处理的需要。

6.3　研究展望

本书对空地一体化快速成图系统进行了较为深入的研究，但由于涉及专业面较广和认知能力的所限，笔者深切感受到对某些问题的研究还较为粗略，在今后的研究工作中，可以从以下几方面入手，进一步推进课题的深入研究。

（1）影响无人机航测大比例尺成图精度主要体现在高程方面，尤其是在地形起伏较大的地区测图精度偏低，如何改善 CCD 传感器从根本上提高基高比，从而达到优化高程精度还有待进一步深入。

（2）无人机影像像幅小是制约影像处理效率的一个重要因素，本书解决的方案是采用新型大像幅数码相机以改善现有的传感器系统。而解决方案的另一方面是提高影像处理的自动化程度，对此课题还未来得及研究，下一步可以在此方向展开。

（3）GPS 技术是空地一体化快速成图体系实现的核心与关键，尤其是 GPS CORS 技术与实时 PPP 技术本身的研究与结合将是 GPS 高精度定位的研究热点，将会极大地提升无人机摄站位置与地面超棱镜位置的快速高精度获取。因此，基于 CORS 基站网络的实时 PPP 定位技术将是下一步的研究方向之一。

（4）本课题虽然实现了大容量影像数据的压缩以及压缩影像在嵌入式 GIS 中的快速显示功能，但还存在着诸多不足：如量化编码算法 EZW 存在重复编码、编码速度慢、多次扫描等缺陷导致其编码效率较低，算法在程序实现上也存在效率不高的情况。后续研究中应进一步优化 EZW 算法程序，以提高代码执行效率。

应当指出，全书研究的空地一体化快速成图技术系统，虽然是面向村镇区域的应急测绘和按需测绘而研发，但同样可用于应急救灾、工程勘测设计、资源调查与监测、三维精细建模、数字城市建设等多个领域。

参考文献

［1］袁修孝.GPS辅助空中三角测量原理及应用［M］.北京：测绘出版社，2001.

［2］林宗坚.UAV低空航测技术研究［J］.测绘科学，2011，36(1)：5-9.

［3］陈姣.无人机航摄系统测绘大比例尺地形图应用研究［D］.昆明：昆明理工大学，2013.

［4］陈冬晖，张忠坤.大比例尺数字测图技术概述［J］.测绘与空间地理信息，2013，36(4)：208-211.

［5］高成发，胡伍生.卫星导航定位原理与应用［M］.北京：人民交通出版社，2011.

［6］朱超.GPS网络差分定位关键技术与系统设计方案研究［D］.南京：东南大学，2009.

［7］袁本银.GPS网络差分系统关键算法及星历反演研究［D］.南京：东南大学，2010.

［8］陈俊勇，党亚明，程鹏飞.全球导航卫星系统的进展［J］.大地测量与地球动力学，2007，27(5)：1-4.

［9］马俊海，吕长广.全野外数字测图技术的现状及发展趋势［J］.测绘与空间地理信息，2006(5)：15-17.

［10］王井利，刘玉梅，王欣.全站仪配合GPS进行自由设站法的模型及应用［J］.沈阳建筑大学学报：自然科学版，2007，23(2)：244-247.

［11］张正禄，郭际明，黄全义，等.超站式集成测绘系统STGPS的研究［J］.武汉大学学报：信息科学版，2001(5)：447-450.

［12］焦明连，罗林.全站仪自由设站应用于航道控制测量的图形研究［J］.海洋测绘，2004，24(6)：24-26.

［13］张志君.基于光纤陀螺的寻北定向技术研究［D］.长春：中国科学院长春光学精密机械与物理研究所，2005.

［14］王宇.基于FIMU的稳瞄/惯导一体化技术研究与实现［D］.南京：东南大学，2008.

［15］杨锟.高精度陀螺全站仪国产化的现状和前景［R］.2009全国测绘仪器综合学术年会，2011.

［16］于先文.基于GPS/SINS/TS的地籍测量新技术关键算法研究［D］.南京：东南大学，2009.

［17］于冠男.基于移动GIS的村镇土地监察执法系统的设计与实现［D］.南京：东南大学，2010.

［18］孙玲玲.基于GPRS/Internet的GPS信息服务系统的设计与实现［D］.南京：东南大学，2006.

［19］蔡苗红.基于嵌入式GIS的GPS/PDA数据采集系统的设计与实现［D］.南京：东南大学，2007.

［20］王彪.基于GPS/PDA/TS的地籍测绘新方法的设计与实现［D］.南京：东南大学，2009.

［21］吴向阳，王庆，陶传达.GPS/TPS/PDA集成测绘系统的坐标转换研究［C］//第五届全国交通工程测量学术会议论文集，2011.

［22］沈清华.无人机低空遥感测绘作业流程及主要质量控制点［J］.人民珠江，2011，32(4)：50-52.

[23] 国家质量监督检验检疫总局,国家标准化管理委员会.1∶500　1∶1 000　1∶2000 地形图航空摄影测量内业规范:GB/T 7930—2008[S].北京:中国标准出版社,2008.

[24] 国家质量监督检验检疫总局,国家标准化管理委员会.数字航空摄影测量　空中三角测量规范:GB/T 23236—2009[S].北京:中国标准出版社,2009.

[25] 彭慧.GPS 虚拟参考站观测值反演关键技术研究[D].南京:东南大学,2007.

[26] 潘树国.基于 VRS 的 GPS 多基站网络差分技术研究与实现[D].南京:东南大学,2007.

[27] 黄丁发,李承钢,吴耀强.GPS/VRS 实时网络改正数生成算法研究[J].测绘学报,2007,36(3):256-261.

[28] 柯福阳,王庆,潘树国.VRS 网络 RTK 关键算法与技术及精度分析[J].宇航学报,2009,30(3):1287-1292

[29] 朱超,高成发,赵毅.基于 VRS 的 GPS 虚拟相位观测值生成算法研究[J].大地测量与地球动力学,2009,29(1):123-126.

[30] 袁本银,高成发,柯福阳,等.GPS/VRS 虚拟观测值生成与发布研究[J].测绘工程,2009,18(5):27-30.

[31] 李成钢.网络 GPS/VRS 系统高精度差分改正信息生成与发布研究[D].成都:西南交通大学,2007.

[32] 朱荷欢,吴向阳,高成发,潘树国.GPS 系统精密单点定位模型与精密授时研究[J].东南大学学报:自然科学版,2013,43(A02):423-427.

[33] 赵兴旺.基于相位偏差改正的 PPP 单差模糊度快速解算问题研究[D].南京:东南大学,2011.

[34] 余国金,吴国荣.全站仪自由设站测边交会最有利图形的分析[EB/OL].www.docin.com/p-725492669.html

[35] 刘东波.光纤陀螺快速高精度寻北技术与试验研究[D].南京:南京航空航天大学,2007.

[36] 吴向阳,王庆,吴峻.基于光纤陀螺的全站仪组合定向技术研究[C]//第六届全国交通工程测量学术会议论文集,2013.

[37] 王俊宜.面向嵌入式 GIS 的图像压缩及快速显示技术研究[D].南京:东南大学,2012.

[38] 芦笛.基于 SMS 的数据传输技术的研究与应用[D].武汉:湖北工业大学,2008.

[39] 北京师范大学,东南大学,等."十一五"国家科技支撑计划"村镇规划基础信息获取关键技术研究"课题执行情况验收自评价报告[R].2010.

[40] 东南大学."GPS/PDA 技术在北京市 1∶500 地籍调查测绘中的应用研究"技术总结报告[R].2009.

[41] 东南大学."十一五"国家科技支撑计划"新型惯导与全站仪、GPS 集成地籍调查设备研制"课题执行情况验收自评价报告[R].2010.

[42] 国家测绘局.全球定位系统实时动态测量(RTK)技术规范:CH/T 2009—2010[S].北京:测绘出版社,2010.